设施西瓜优质生产技术问答

陈春秀 主编

中国农业出版社

图书在版编目（CIP）数据

设施西瓜优质生产技术问答/陈春秀主编.—北京
：中国农业出版社，2011.11
（种菜新亮点丛书）
ISBN 978-7-109-16163-4

Ⅰ.①设…　Ⅱ.①陈…　Ⅲ.①西瓜—温室栽培—问题解答　Ⅳ.①S627.5-44

中国版本图书馆CIP数据核字（2011）第208239号

中国农业出版社出版
（北京市朝阳区农展馆北路2号）
（邮政编码 100125）
策划编辑　黄　宇
文字编辑　吴丽婷

中国农业出版社印刷厂印刷　新华书店北京发行所发行
2011年12月第1版　2011年12月北京第1次印刷

开本：850mm×1168mm　1/32　印张：5.375
字数：132千字　印数：1～6 000册
定价：12.00元

编写人员名单

主　　编　陈春秀

编写人员　陈春秀　武　丹　齐长红

兰　焱　刘艳会

前言

西瓜为葫芦科西瓜属蔓生草本植物，是我国人民喜食的蔬菜水果之一。西瓜富含丰富的营养，除不含脂肪外，汁液中几乎包括了人体所需要的各种营养成分，如维生素A、B族维生素、维生素C、蛋白质、葡萄糖、蔗糖、果糖、苹果酸、谷氨酸、瓜氨酸、精氨酸及矿物质元素钙、铁、磷和粗纤维等。

西瓜味甘性寒，有清热消烦、止渴解暑、宽中上气、疗喉痹、利小便、治血痢、解酒毒的功效。适用于中暑发热、热盛津伤、烦闷口渴、尿少尿黄、喉肿口疮等。急性发热、口渴、汗多、烦躁时，饮新鲜西瓜汁，可清热止渴。西瓜皮鲜用或晒干后入药，味甘性凉，有清热、利尿、消肿之功效，可治小便不利、水肿以及湿热黄疸等症。西瓜皮的绿色部分——西瓜翠衣，可治疗水肿、烫伤、肾炎等病，用其煎汤代茶，也是很好的消暑清凉饮料。

现代药理研究认为，西瓜所含的糖、盐和蛋白酶有治疗肾炎和降低血压的作用。西瓜子仁中也含有一种降低血压的成分。取9～15克生食或炒食，有降压作用，并可缓解急性膀胱炎的症状。西瓜的根、叶煎汤内服，对腹泻和肠炎有一定疗效。西瓜皮含葡萄糖、氨基酸、苹果酸、番茄素以及维生素C等多种成分，瓜皮晒干后，可解暑去热，消炎降压，还可减少胆固醇在动脉壁上的沉积。

西瓜作为我国主要的经济作物之一，全国种植面积约147万公顷，品种多样，栽培方式也不断变化，特别是近几年来，随着设施农业的发展，利用日光温室、大棚栽培西瓜面积不断增加，山东、河北、辽宁、江苏、浙江等西瓜栽培生产区保护地栽培西瓜面积逐年增长，已占栽培面积的45%以上。北京地区大棚生产西瓜的面积已占总西瓜生产面积的85%以上。广东、海南反季节生产西瓜，也利用大棚进行避雨栽培。全国利用保护地生产西瓜面积已达约60万公顷。正是因为设施农业的迅猛发展，西瓜种植的品种、方式、茬口安排也不断发生改变。为此，目前已发展了各种形式的栽培方法，如利用日光温室立架栽培小西瓜、大中棚三层覆盖、越夏栽培西瓜、秋季大棚栽培西瓜、秋冬季日光温室栽培小西瓜等。

设施栽培西瓜面积的不断增加，给西瓜生产也带来了一系列的问题，如西瓜连作障碍问题、砧木问题、西瓜果腐病等病虫害问题，严重影响了设施西瓜的产量、品质和瓜农的经济效益。针对诸如此类问题，特编写了《设施西瓜优质生产技术问答》一书，供广大瓜农及读者阅读、参考。

编　者

目录

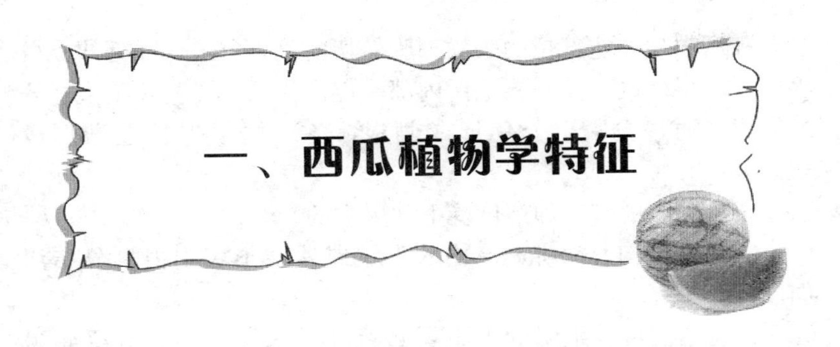

一、西瓜植物学特征

1. 西瓜根系有哪些形态特征?

西瓜的根系由主根、多级侧根和不定根组成。其根系为主根系，入土范围广而浅，呈圆锥形。垂直主根的长度一般为1.0～1.5米，水平生长的侧根有时可长达2～3米。主根和侧根的作用是扩大根系的入土范围，使之伸长、固定，主、侧根的先端根尖的表皮及各级侧根上着生的根毛是根系的主要吸收部分。大多数根毛均生长在二、三级侧根上。

在土壤水分充足的情况下，西瓜茎蔓接触地面的茎节处能形成不定根，其作用除固定茎蔓外，还能吸收土壤中的水分和养料。

西瓜的根系主要分布在土壤表面20～30厘米的耕作层中，在此范围内一条主根上可长出20多条一级侧根，并与垂直生长的主根呈40°～70°的夹角延伸。

西瓜根系的分枝级数因品种而异，通常早熟品种形成3～4级侧根，如京欣1号等；而晚熟品种则可形成4～5级侧根。

西瓜根系的形态常因品种、土壤质地、栽培条件等的不同而异。

西瓜种子在萌发过程中，胚根先于胚芽发育，突破种皮，向下生长形成初生根，发育成主根。刚形成的初生根的根端一般不形成侧根，根毛也较少发生，当其发育到一定长度时则迅速伸长，随后根尖一定部位的表皮细胞外切向壁外突出，并延伸成根毛，形成根毛区，同时根毛区内部一定部位的中柱鞘细胞恢复分裂能力，通过分裂，分化形成侧根，各级侧根伸长逐渐形成根系。

根系分布的深度和广度受下列因素的影响：

①土壤结构。深耕、疏松的土壤或沙质土壤中根群分布深而广。

②土壤温度。地温低于10℃或高于35℃，根的伸长受到阻碍。14℃时虽能生长，但根系功能较差，根系生长最旺盛的地温20～26℃，生长的温度范围15～32℃。

③土壤肥力。根系在肥沃土壤中生长侧根、分枝能力强，根的伸长能力强。耕作层内根系稠密。

④土壤水分。如果土壤表面处于潮湿、根系趋向于汇集在地表部分；土壤表面干旱，根系则趋于下扎土壤深层部分。

⑤植株生长状态。植株地上部茎叶生长旺盛则根群分枝也强，即二者之间有很强的相关性。所以，地上部过度整枝，会影响根群的健康发展，只有促进根群的健康发展，才能增加水肥吸收能力，为丰产打下良好的基础。

2. 西瓜茎部有哪些形态特征？

西瓜是蔓性草本植物，其茎蔓在苗期呈直立状，5片真叶后伸蔓，匍匐地面生长。西瓜的茎包括子叶节以下的下胚轴和以上的地上茎。下胚轴呈圆或椭圆形，长度不超过5～10厘米；地上茎具棱，有分枝。

西瓜植物主茎（蔓）发达，长度多为2～3米或更长。但也有短蔓的矮生西瓜，其主茎长度不超过1米。京欣1号等系列的品种都属于长蔓。

西瓜的分枝性强，在自然生长时，通常可形成3～4级分枝。在主蔓基部2～5节形成3～4个侧蔓，其长势接近主蔓，可以保留1～3个侧蔓，形成不同的整枝方式。如京欣1号采用3蔓整枝方法。

西瓜植物的茎蔓上具节和节间，通常发育完全的节间长18～25厘米，每节1叶，叶腋分别着生有苞片、腋芽、卷须、雄花或雌花，卷须分2～4杈。

西瓜的主侧蔓上密生着长而软的柔毛（茸毛），有腺或无腺，为多细胞表皮毛，它可减少水分蒸腾，是西瓜在系统发育中对干旱起源地的一种适应。

3. 西瓜叶片有哪些形态特征？

西瓜的叶为单叶，互生，叶序为2/5，由叶柄和叶片构成，无托叶。成长叶常呈灰绿或深绿色，大小常因种类、品种不同而差别很大，长8～22厘米，宽5～25厘米。

叶表面有密布茸毛和蜡质。表皮毛分有腺多细胞毛和无腺多细胞毛两种。真叶的形状因着生的位置不同，形状也不同。

幼苗期第一真叶小，近矩形，裂刻不明显，叶片短而宽，以后叶片逐渐增大，叶形指数提高，裂刻由少到多，生长至4～5叶开始伸蔓后，其裂刻或叶形才具有品种的特征。

西瓜叶片掌状深裂，具羽状和二回羽状裂片，叶缘常具细锯齿。根据裂叶的宽窄和裂刻的深浅可分为狭裂叶型和宽圆裂叶型，前者裂片狭长，裂刻深；后者裂片宽圆，裂刻较浅。狭裂型和宽圆型因其程度不同又可分为若干类。

全缘叶西瓜，其叶片几乎没有裂片，从苗期就可以和裂叶型的品种有明显区别，这是隐性基因控制的遗传性状，已被用于遗传学研究和杂种一代幼苗的识别。

叶形的大小与着生位置和整枝有关。基部的叶形较小，随着叶位的升高叶形增大，在主蔓雌花节前后的叶形最大，其单叶面积可达200～250厘米^2，是西瓜同化功能最强的功能叶。在生长过旺时，叶柄伸长，叶片显得狭而长，因此可根据叶柄的长度和叶身的形状，判断植株的生长势。通过整枝减少叶片的数目，以增强叶质，有利于提高同化效能，并延长叶片寿命。

4. 西瓜花有哪些形态特征?

西瓜花腋生，单花；花单性，有雄花、雌花，间有少数两性花。雌雄异花同株，具两性花植株为雄花与两性花同株。

雄花在主蔓 4～5 节叶腋着生，当雌花形成后，连续数节与雌花相间着生。早熟品种从主蔓 5～7 片真叶叶腋着生第一雌花，中晚熟品种从 7～9 片真叶叶腋着生第一雌花，以后间隔 3～6 节再着生 1 朵雌花，子蔓上雌花着生节位较蔓低。

雄花的花萼管状，5 裂，裂片窄针形；花瓣 5 枚，基部合生，辐射状、卵状、卵状椭圆形，鲜黄色；雄蕊原基 5 个，其中 2 对联合，1 个单生，呈圆盘状排列，花药呈 S 形折曲。雌花子房下位，球形、卵形或矩圆形，心皮 3 个愈合成假 3 室，侧膜胎座，雌蕊柱头 3 裂，肾形，子房中位，心皮和心皮外组织无明显界限，心皮的边缘首先呈向内、向心弯曲，在腔室之间形成分隔，然后，心皮边缘再呈离心弯曲，每一腔室再被隔开，胎座也弯曲，并呈向心延伸。沿着第二次弯曲的心皮边缘之间和胎座与心皮的背部之间具有双表皮层，沾着心皮第一次弯曲的相邻心皮之间，看不出联合的缝线，充满在腔室内的中央组织由胎座发生，成为可食的肉质部分。

5. 西瓜果实有哪些形态特征?

西瓜的果实为瓠果，由果皮、果肉和种子 3 部分组成，其果皮是由子房壁和花托共同发育而成，食用的果肉部分则为肥厚的胎座，颜色有乳白、黄、深黄、橙红、淡红、玫瑰红和大红等。果实的形态多样，可分为圆形、高圆形、短圆筒形、长圆筒形等。

果实的大小，依品种而异，单瓜重多在 2～10 千克，大者

15～20千克，小者0.5～1.0千克。一般早熟品种果实较小，单瓜重2.5～3.5千克；中熟品种较大，4～5千克；晚熟品种最大，6～7千克以上。

果皮的色泽，可以分浅色（白色或淡绿色），其中有的无细网纹，如澄选1号；有的有细网纹，如乙选；有的是条纹花皮，如京欣1号、京抗1号，底色一般为绿色，其深浅程度则因品种而异，覆有深绿或墨绿色的条带，条带可以分为窄条带和宽条带，有齿或无齿；墨绿色皮或近黑色皮，如蜜宝、京抗2号，有的具隐条。

果皮的厚度品种间差异较大，薄皮类型品种的果皮厚度0.4～0.5厘米，如小型西瓜红小玉、黄小玉、早春红玉等。中早熟的品种皮厚1厘米左右，如京欣1号，可食部分高达70%～75%；厚皮类型品种的皮厚在1.5厘米以上，可食部分为55%～60%；中间类型品种皮厚1.0～1.2厘米，可食部分为60%～65%。果皮的厚度和硬度与品种的运输和贮藏性能有关，黑皮类型果皮的硬度较大，贮运性较好。

6. 西瓜种子有哪些形态特征？

西瓜的种子扁平，宽卵形或矩形，具有喙和眼点，由种皮和胚组成。种皮坚硬，表皮平滑或有裂纹，有的具有黑色麻点或边缘具黑斑，分为脐点部黑斑、缝合线黑斑或全部是褐色斑点。种子的色泽变化很大，可分为白色、黄色、红色、褐色、黑色等。不同品种种子的色泽及深浅均有差异。

种子的大小差异悬殊，大籽种子每粒重达100毫克以上，小籽种子只有10毫克左右。根据种子的大小可将西瓜分为大籽型和小籽型品种。我国各地的地方品种多数为大籽型，千粒重77～105克，如新疆农家大籽西瓜卡拉恰潘，千粒重可达200克，供食用的籽瓜（打瓜），千粒重可达250克；而引入的国外优良品种多数为小籽型，千粒重33.5～55.0克。

种胚的饱满程度和种子贮藏营养的多少与其发芽和初期生长有密切的关系。关于胚重的比例，大籽的种皮较厚，种胚比率较低，仅40.9%～54.1%，如籽用种为40.9%；小粒的种胚比率则较高，为55.5%～60.4%，但大籽种胚的绝对重量较高，因此种子的出苗率较高。

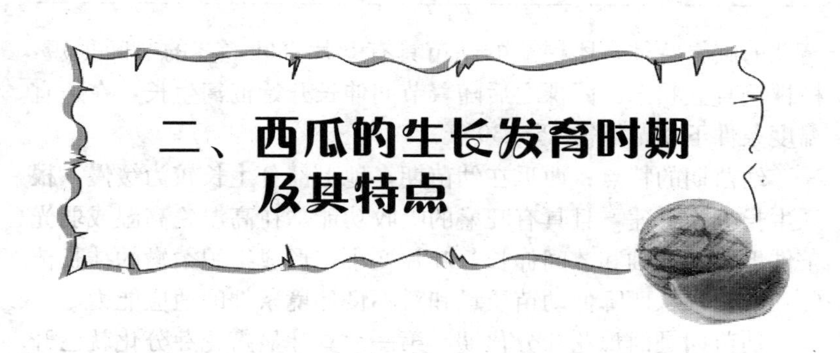

二、西瓜的生长发育时期及其特点

西瓜播种以后，经过发芽、生长，继而开花结果，最后衰老死亡，这就是西瓜的生长发育现象。西瓜生长发育具有明显的阶段性，分为发芽期、幼苗期、伸蔓期和结果期。

1. 什么叫发芽期？发芽期的特点是什么？

西瓜从播种到第一片真叶显露为发芽期。西瓜在发芽期主要依靠种子内贮藏的营养，因而种子的绝对重量和种子的贮存年限对发芽率和幼芽质量具有重要影响。

发芽期的特点：西瓜第一片真叶出现，表明同化机能开始活跃，植株由异养阶段逐步过渡到以独立自养为主的新阶段。此时苗端已分化出2～3枚幼叶和1～2枚叶原基，下胚轴开始伸长并形成幼根。西瓜发芽期的长短，在适宜的水分和通气条件下，主要取决于地温的高低，在地温15～20℃时，发芽期需7～13天。地温高发芽迅速，地温低发芽缓慢。

西瓜种子发芽要求适宜的温度、水分和氧气，在适宜发芽条件下发芽迅速，幼芽茁壮，可明显提高发芽率和出苗率。遇到不适条件将引起沤籽、芽干等生理障碍，造成缺苗断垄。

2. 什么叫幼苗期？幼苗期的特点是什么？

西瓜从第一片真叶显露到团棵为幼苗期。团棵是幼苗期与伸蔓期的临界特征。团棵期的幼苗具有5片真叶，茎的节间很短，植株呈直立状态。团棵之后随着节间伸长开始匍匐生长，在适宜温度条件下幼苗期需25～30天。

幼苗期的特点：西瓜在幼苗期，地上部分生长较为缓慢，根系生长极为迅速，且具有旺盛的吸收功能。在高温、高湿或弱光条件下，下胚轴和节间伸长，叶片变小，形成组织柔嫩的徒长苗（高脚苗），从而降低幼苗质量和对不良环境条件的适应能力。

幼苗期是西瓜花芽分化期，第一片真叶显露花芽分化就已开始，团棵时第三雌花的分化已基本结束，表明影响西瓜产量的所有雌花都是在幼苗期分化的。所以为降低雌花着生节位，增加雌花密度，提高雌花质量，应加强苗期管理，为幼苗茁壮生长创造适宜的环境条件和营养条件。

幼苗期应以培育壮苗为中心。培育下胚轴粗短、节间短缩、叶片肥大、叶色浓绿的壮苗。为此在幼苗期应中耕保墒，提高土壤温度，促进根系发育和花芽分化，防止发生秧苗徒长，寒根、沤根、烧根等生理障碍。

3. 什么叫伸蔓期？伸蔓期的特点是什么？

西瓜从团棵到主蔓第二雌花开花为伸蔓期，也称“孕蕾期”或“甩条发棵期”。团棵后地上部营养器官开始旺盛生长，茎蔓迅速伸长，叶数逐渐增加，叶面积扩大，孕蕾开花，侧芽萌发形成侧枝，株冠扩大开始匍匐生长，根系继续旺盛生长，分布体积和根量急剧增长。表明西瓜在伸蔓期的生长发育特点是同化器官和吸收器官急剧增长，生殖器官初步形成，已为转入生殖发育奠定了物质基础。在20～25℃适温条件下，伸蔓期需18～20天。这一阶段，又可以雄花始花期为界限，将伸蔓期划分为伸蔓前期和伸蔓后期2个分期。

①伸蔓前期。西瓜从团棵到雄花始花期为伸蔓前期。此期的生长发育特点是：随着节间伸长开始伸蔓，叶数迅速增加，但单

株叶面积较小，出现侧枝并孕蕾开花。该阶段应继续促进根系发育和茎叶健壮生长，扩大同化面积，提高光合效率，以积累更多的同化物质，为花器官的正常发育奠定物质基础。为此在团棵时应集中施肥并及时浇水，特别是早熟品种更应重视提苗促秧，扩大同化面积。

②伸蔓后期。西瓜从雄花始花期到主蔓第二雌花开花为伸蔓后期。此时根、茎、叶均处于旺盛生长，第二雌花正处于现蕾开花之际。为了调节、平衡营养生长与生殖发育的关系，控制植株顶端生长优势，防止茎叶生长过盛而出现“疯秧”，应适当控制茎叶生长，才能促进第二雌花发育。特别是生长势强的品种更应注意控秧，避免由于营养生长过于旺盛而降低坐果率。

4. 什么叫结果期？结果期的特点是什么？

西瓜从第二雌花开花到果实生理成熟为结果期，在25～30℃的适温条件下需28～40天。结果期所需日数的长短，主要取决于品种的熟性和当时温度状况，一般早熟品种所需天数较短、晚熟品种则需35天以上。

西瓜在结果期，果实形态将发生“退毛”、“变色”、“定个”等形态变化，依据上述形态特征可将结果期分为坐果期、果实生长盛期和变瓤期3个时期。

①坐果期。西瓜从第二雌花开花到果实退毛为坐果期，在25～30℃适温条件下需4～6天。雌花受精后子房开始膨大，“倒扭”表明受精过程已经完成。当幼果长至鸡蛋大小时，果实表面的茸毛开始稀疏不显，并呈现明显光泽，这一现象被群众称作“退毛”。“退毛”是坐果期和果实生长盛期的临界特征，它表明幼果已彻底坐稳，无异常情况不再发生落果现象，并开始转入果实生长盛期。坐果期茎叶继续旺盛生长，果实生长速度较快，但绝对生长量较小，果实细胞的分裂增殖主要在该阶段进行。

坐果期是西瓜从营养生长为主向生殖发育为主过渡的转折

期，长秧与坐果对营养竞争较为激烈，是决定西瓜坐果与落果的关键时期。由于此时处于开花坐果阶段，果实生长优势尚未形成，仍以茎叶生长为主体，容易发生“疯秧”而导致落花落果。如果管理不当或“促”、“控”技术不协调以及降雨较多、浇水偏大、氮肥过量均会引起“疯秧”而降低坐果率。

②果实生长盛期。西瓜从果实“退毛”到“定个”为果实生长盛期，亦称膨瓜期，在25～30℃的适温条件下需18～24天。“定个”指果实的体积已基本定型，果皮开始变硬、发亮，果实表面的蜡粉逐渐消失等综合表现。

果实生长盛期植株鲜体重或干物重的绝对生长量和相对生长量最大，叶面积在“定个”前后达到最大值。果实生长优势已经形成，植株体内的同化物质大量向果实中运转，果实已成为此时的生长中心和营养物质的输入中心，果实直径和体积急剧增长，从而进入果实膨大盛期，是决定西瓜产量高低的关键时期。

果实生长盛期虽然茎叶和果实均迅速增长，但以果实增长为主体，此时对肥水的需要量达到最高峰，应最大限度地满足西瓜对肥水的需要。肥水供应不足，不仅果实不能充分膨大而减产，也容易发生果实发育对茎叶生长的抑制作用——“坠秧”，并导致脱肥和早衰。

③变瓤期。西瓜从“定个”到生理成熟为变瓤期（亦称成熟期），在适温条件下需7～10天。变瓤期植株日趋衰老，长势明显减弱，基部叶片开始枯黄、脱落，叶面积略有系列生化反应，表现为胎座细胞色素含量增加，瓜瓤着色并逐步呈现品种固有色泽，果实汁液中还原糖含量下降，果糖、蔗糖含量增加，甜度明显提高；胎座的薄壁细胞充分扩大，细胞间隙中胶层解离，果实的比重下降；瓤质变软，果皮变硬，果实表面的花纹明显清晰；种皮着色、硬化并逐渐成熟。所以变瓤期对产量影响较小，是决定西瓜品质优劣的关键时期。此时应减少浇水，注意雨后排水，确保果实品质。

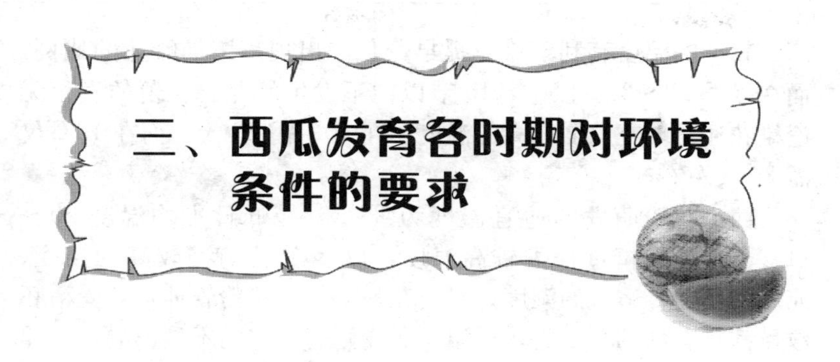

三、西瓜发育各时期对环境条件的要求

西瓜对环境条件的要求受原产地生态条件的影响极大，同时在长期驯化期驯化栽培过程中适应了新的环境，而形成不同生态类型品种。掌握不同生态型品种对温、光、水、气的要求，在栽培上创造良好的条件，对取得高产、稳定、优质具有重要的意义。西瓜对环境条件的要求是综合的总体条件，在自然条件下各因素间是相互联系不可分割的，如温度与光照，研究单一因素与生育的关系比较困难，而在控制条件下的研究资料尚不足。这里按温度、光照、水分等因素，分别阐述如下。

1. 西瓜发育各时期对温度条件有哪些不同的要求?

西瓜的生长发育需较高的温度，耐热而不耐低温，生长的适宜温度为18～32℃，并要求一定温差，营养生长适应较低的温度，结果及果实发育则需较高的温度。

种子发芽的适温为25～30℃，35℃以上的高温引起裂壳、降低发芽率和发芽势，温度高可加速发芽，但胚轴易伸长。

新收的种子发芽率低，发芽的适宜温度范围较窄，在30℃才能发芽。贮藏一段时间后，在20～25℃也能顺利发芽。

西瓜根系生长温度较高，适宜的土温28～32℃，下限温度10℃，8～10℃根系停止生长，而根毛停止发生的温度为13～14℃。

较低的温度有利于雌花提早分化、出现，增加雌花的比例，而在夏季22～25℃以上，15节以内不发生雌花。花蕾的发育无论雄花还是雌花均需较高的温度，在10℃需28天，而在12℃仅需20天左右。

西瓜花粉萌发的适宜温度为25℃，最低日平均温度20～21℃。授粉受精过程需较高温度，以30℃为宜。较高的温度、充足的日照、适宜的湿度，对于花粉萌发、花粉管伸长、受精胚数目都是有利的；反之，低温、弱光则有一定的不利影响，并导致不育胚增加。

西瓜果实发育需较高的温度，结果期的温度低限为15℃。在低温条件下发育的果实呈扁圆形，出现果肩和棱角，皮厚空心，含糖量低下，严重影响商品品质。

西瓜果实形成，需要一定的昼夜温差，日间在25～30℃同化作用旺盛，甚至在40℃高温下仍有一定的同化效能。而较低的夜温有利于同化产物的运输和降低呼吸对养分的消耗，从而提高了果实的含糖量，改善了品质。

夏季地表温度达40℃以上，西瓜仍可安全越夏，叶面温度33～36℃，较其他瓜类作物为低，这可能与西瓜叶片蒸腾量大有关。西瓜的耐热性还表现在种子耐高温，因此可以利用这一特性进行种子干热处理，加速种子后熟，提高发芽率，杀死种子携带的枯萎病病原，钝化病毒等，从而达到防病的目的。

西瓜耐热性与土壤水分条件有关，如土壤含水量低，根系吸收和叶面蒸腾受到限制，叶片温度进一步提高，叶片凋萎并难以恢复，叶片蛋白质凝固而导致焦枯。有资料表明西瓜蛋白质凝固温度为60℃。

2. 西瓜发育各时期对水分条件有哪些不同的要求?

西瓜对水分条件的要求决定于根的吸收能力与地上部的蒸腾强度。

(1) 根系分布与吸收。

西瓜拥有庞大的根系，可以吸收利用较大范围和较深土壤层的水分，属旱生作物特性。根系的吸水力极强，据测定，种子萌发时胚根的吸水力达 1 023 千帕。根压较大，一株饲料西瓜 3 小时溢泌的分流量为 70 毫升。

西瓜苗期的凋萎系数为 8.1%，开花结果期为 9.9%，较玉米等旱生作物低，说明西瓜根系能更好地利用土壤水分。

(2) 叶面蒸腾与水分。

西瓜的叶面较大，具有茸毛，叶片深裂，蒸腾量较大。

寿绍武（1982）在 7 月上旬测定白天各时蒸腾强度指出，白天平均蒸腾强度为 147.72 克/米^2·小时，一天中的变化是清晨最低，随着气温的升高逐渐增强，至 10 时达最高峰，其后急剧地下降，傍晚时维持较低水平（表 3-1）。

表 3-1　西瓜蒸腾强度的日变化

测定日期（月/日）	白天各时蒸腾强度［克/（米^2·小时）］							平均蒸腾强度 v［克/（米^2·小时）］	水面蒸腾强度 E［克/（米^2·小时）］	相对蒸腾强度 V/E
	5～7 时	7～9 时	9～11 时	11～13 时	13～15 时	15～17 时	17～19 时			
7/4	15.3	322.1	650.5	429.4	320.1	138.0	76.7	267.3	692.9	0.39
7/5	—	92.0	107.4	92.0	168.7	30.7	30.7	86.4	700	0.12
7/6	46.0	260.7	398.8	322.1	245.4	122.7	0	199.4	721.4	0.28
7/7	15.3	76.7	76.7	76.7	0	15.3	0	37.2	70	0.05
平均								147.7		0.21

土壤含水量是影响西瓜叶片蒸腾强度的主要因素之一。据前苏联中亚条件测定，在灌溉地蒸腾量为 363 克/（米^2·小时），而在旱地条件下为 1 500 克/（米^2·小时），高温和干燥增加叶面水分蒸腾强度。

(3) 适宜的水分条件。

包括土壤含水量和空气温度。据 Dimilrov（1973）在保加利亚南部褐色森林土试验，田间持水量在 60%～80%最经济，不同生育期有所不同，苗期为 65%，伸蔓期 70%，而果实膨大期为 75%，土壤水分不足影响果实膨大，最终导致减产。

西瓜要求空气干燥，适宜的空气相对湿度为 50%～60%。空气潮湿则生长瘦弱，坐果率低，品质差，更重要的是诱发病害。综上所述西瓜适宜的水分条件是较低的空气湿度和适宜的土壤含水量。

生长期间的降水量与当年雨日数、温度和光照条件有直接关系。在南方多雨地区西瓜产量与当年降水量有一定的关系。

(4) 生育期与水分条件。

根据资料，西瓜的耗水量因生育期的不同而异。表 3-2 的资料表明，耗水量最大的时期是营养生长旺盛期和果实的膨大期。据此认为这是西瓜对水分要求的临界期，此期如水分不足将导致严重抑制生长或影响果实膨大，降低产量。

西瓜一生中对水分的要求有 2 个敏感时期，一是坐果节位雌花开放前后，此时如水分不足，子房很小，影响坐果，或由于缺水和空气温度低，影响花粉萌芽，均导致结果不良；二是果实膨大期，若此期缺水，则果形小，严重影响产量。果实膨大前缺水，会出现果形扁圆；膨瓜期供水不均匀，则容易引起裂果。

表 3-2　西瓜不同生育期的耗水量

生育期	生育期所需日数（天）	每昼夜消耗水量（米^3/小时·米^2）	
		旱地	灌溉地
出苗至伸蔓前	24	14.6	17.3
营养生长旺期	22	15.1	31.0
果实生长	30	32.0	35.0
结实	37	7.4	19.4

（5）水分与产量品质。

西瓜的丰产和稳产田间土壤持水量不应低于 70%。在营养体旺盛生长期和果实膨大期缺水，将明显降低产量。但是不同的品种对灌溉的反应不同。一些品种灌溉对产量和品质的影响很大，另一些品种灌溉可显著增加产量而对果实的化学组成影响不大。至于灌溉与西瓜品质的关系是所有品种灌水后降低了干物质、糖分的含量，多数品种则增加了维生素 C 的含量。因此，西瓜采收前 4～5 天应停止灌溉，以免影响品质。

3. 西瓜发育各时期对光照条件有哪些不同的要求?

西瓜是短日照作物，苗期缩短日照时数促进雌花形成效应。有试验表明，不同品种间有差异，但这种效应不明显。因此，不同生态型、地区间的引种，或不同季节播种，均能开花结果。

西瓜生长发育需要较强的日照，光合作用光的饱和点是 80 千勒克斯，补偿点为 4 千勒克斯，光强在 4～80 千勒克斯随着光强的增加同化强度增强。光合作用曲线表明，当光强在 20 千勒克斯光合效能尚低，至 40 千勒克斯开始急剧上升，在 60 千勒克斯时同化量达到高值，与南瓜光合曲线有明显的差异，表明西瓜是需强光的作物。

西瓜对光照条件的反应十分敏感。在天气晴朗、光照充足时表现株型紧凑，节间和叶柄较短，蔓粗，叶大而厚实，而在阴雨光照不足时则表现为节间与叶柄长，叶薄而色淡，易染病。

4. 西瓜发育各时期对气体条件有哪些不同的要求?

呼吸作用是利用贮藏营养吸收氧气释放能量以维持植株生活。空气中氧气充足，不致因氧气不足而影响呼吸和根系的生长。吸收能力与土壤空隙间氧气的含量有密切的关系，一般认为氧气分压在 10%以上为宜。

在一定范围内提高空气中二氧化碳的含量可以提高同化效能，从而提高产量。据有关资料表明，西瓜光合作用二氧化碳的饱和点在1 000毫升/米^{3}以上，空气中二氧化碳的浓度远远不能满足光合作用的需求。

在温室或大棚栽培中，空气中二氧化碳含量在一天各时段有很大变化，日出后达最低点，严重影响光合效能。为提高棚内二氧化碳的含量，可堆施新鲜厩肥，在发酵过程中释放二氧化碳；燃烧丙烷气体发生二氧化碳；应用焦炭二氧化碳发生器；利用不被腐蚀容器盛放浓盐酸；投放少量石灰石（碳酸钙），通过化学反应产生二氧化碳。

5. 西瓜发育各时期对土壤条件有哪些不同的要求?

西瓜对土壤条件的适应性广，不同土类如沙荒地、海涂、丘陵红黄壤、水田青紫泥均可栽培。利用新垦地种瓜草少、病少，故西瓜常被作为新垦地的先锋作物。

最适宜西瓜根系发育的土壤是土层深厚，排水良好，有机质丰富、肥沃疏松的沙壤土。因为结构良好的沙性土壤孔隙度高，透气性好，能满足根系好氧的需要，因而根系的生长和吸收能力强。据观察，在疏松的土壤里栽培西瓜，主根入土深50～100厘米，而在黏重土栽培西瓜，主根入土深仅25～70厘米。且沙性土吸热快，地温较高，昼夜温差较大，利于早熟。

水田黏土结构黏重，根系较浅，分布于土壤表层，抗旱力弱；而沙土土质疏松，保水保肥力差，易表现脱肥早衰，产量不高。土质肥沃的平原水田黏土生长前期受一定的影响，发棵较迟，但后期生长势较强，维持时间较长，容易实现丰产。

西瓜对土壤的适应范围较广，无论在偏酸或偏碱的条件下均能生长。一般认为pH在5～7范围内生长无差异，其下限为pH4.5，随着土壤中酸性的提高，土壤和叶片中钙的含量降低，枯萎病发病率提高。说明西瓜根系比较耐酸，又比较耐有效磷缺乏，适于红黄壤新垦地栽培。西瓜较耐土壤含盐量，一般土壤总含盐量在0.2%以下可以正常生长，但含盐量过高将阻碍根系生长，甚至萎缩而令全棵死亡。如集中大量施肥，伤害根系而造成死苗。仓田（1970）进行土壤含氮量与西瓜种子发芽和幼苗生长试验表明，每100克风干土中含氮量在100毫克以下发芽和生长正常，而在100毫克以上则严重影响种子发芽和正常生长。

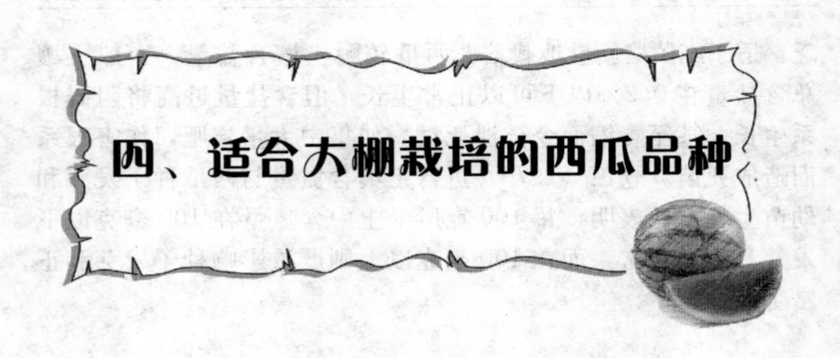

四、适合大棚栽培的西瓜品种

1. 京欣1号

(1) 京欣1号西瓜品种名称的由来。

京欣1号西瓜是中日合作共同选育的杂交一代。1985年由农业部立项引进日本专家森田欣一先生与北京蔬菜研究中心西瓜育种课题共同合作，在中心西瓜课题组已建立的自交系基础上，进行选配组合。经过1985—1987年3年间田间的试验，在此基础上，1987年进行了区域试验，其中2个组合表现优良，同年间进行亲本繁殖，1988—1989年对其中1个组合进行了示范推广，在生产上反映极好，这一组合取名为“京欣1号”，其中的“京”指北京、“欣一”是森田欣一先生的名字，代表了中日合作的结晶。

(2) 京欣1号西瓜的特征、特性。

京欣1号西瓜生长势较弱，叶形中等，生育前期长势较弱，耐低温性强，耐湿，耐弱光，在低温、高湿、弱光下也能较好坐果，南北方均可栽培，栽培范围广，特别是在保护地栽培，优势更加明显。属于早中熟杂交一代，全生育期90～95天，从开花到果实成熟28～30天。单果重5～6千克，在嫁接栽培条件下，单果重在6千克以上，最大可达18千克。每亩* 产量4 000～

* 亩为非法定计量单位。1亩≈667米^2，余同。

5 000千克，肉质是脆沙，肉色桃红，纤维量极少，爽口，品质目前在早熟西瓜中还是最优，含糖量在11%～12%，在嫁接栽培条件下，含糖量在12.5%以上。果实形状是圆形，外有明显的绿色条带15～17条，果皮为绿色，上有一层薄薄的蜡粉，果皮厚为1厘米左右。皮较脆，不耐长途运输。但如嫁接栽培，则耐运输性加强。栽培技术简单，三蔓整枝，留一个果，不压蔓，结果后侧枝可根据长势来定是否留取。京欣1号一代杂交，早熟，抗病，耐湿，品质好，含糖量高，适合大城市附近栽培。

(3) 京欣1号经久不衰的原因。

①京欣1号西瓜成为全国早熟西瓜主栽品种的原因主要有以下几个方面：

A. 京欣1号品质好，是其他品种所无法比拟的。京欣1号西瓜不仅含糖量高，更重要的是适口性好，肉质脆而酥，纤维极少，汁多，肉色喜人。

B. 适应性强，既耐低温，又耐湿、耐弱光。坐果性强，雌花节位低而密，果实膨大速度快。

C. 管理技术简单易行。京欣1号西瓜的栽培技术采用了三蔓整枝，留一个果，不压蔓，结果后不打杈的简便整枝方法。结合早熟栽培措施，大、中、小棚栽培，再加之嫁接方法的利用使保护地更加发挥作用。结合合理的施肥浇水方法，迅速得到广大瓜农的认可，并熟练掌握，已成为目前全国早熟西瓜栽培的主要模式，栽培面积也迅速扩大。

②京欣1号西瓜在全国分布及面积。1989—1991年，主要集中在北京、河北廊坊、上海等地，面积达30万亩。到1997年栽培范围迅速扩展，除以上3个地区外，还有安徽、浙江、江苏、广西、福建、海南、湖南、河北、河南、山东、黑龙江、沈阳、吉林、四川等近20个省市，面积已达250万亩。到2000年栽培地区进一步扩展，以重庆、甘肃、宁夏等省市为主，面积已从250万亩上升到2000年的350多万亩。2001—2007年每年种

植面积达 550 万亩以上，占全国早熟西瓜面积的 85%。

③发展趋势。京欣 1 号以它独有的特点独占鳌头，目前从品质上还没有一个能超过京欣 1 号的品种，未来京欣 1 号还将继续占领早熟西瓜市场，每年以 50 万～100 万亩的速度增加。在近 5 年内京欣 1 号还将是早熟西瓜的主栽品种。

2. 京欣 2 号

外形似京欣 1 号，条纹更明亮，中早熟，全生育期 90 天左右，开花后 28～30 天成熟，单瓜重 5～7 千克，红瓤，甜度达 11～12 白利度。肉质脆嫩，口感好，风味佳，皮薄耐裂，耐运输，高抗枯萎病兼抗炭疽病，坐瓜性好，亩产 4 500 千克左右，适合保护地和露地早熟栽培。京欣 2 号中早熟西瓜一代杂种，果实外形似京欣 1 号，圆果，绿底条纹，有蜡粉抗病，适合保护地和露地早熟栽培。

3. 爱抗三优

是河北省高碑店市蔬菜研究中心于 2005 年育成。本品种属于早熟品种，从开花到果实成熟需 26～28 天。果实为圆形，果面有蜡粉，底色为绿底，有明显、清晰均匀的深绿色的条带，条带略窄。皮薄，但韧性强，不易裂果。果肉为大红色，肉质细腻，酥脆多汁，中心含糖量为 13% 左右，耐存放，不易倒瓤。单果重 6～12 千克，最大果可达 15 千克，亩产可达 5 000 千克。本品种还有最大的特点，在低温弱光下，雌雄花正常发育，花粉多，授粉效果好，易坐果。抗逆性强，适应性广，耐枯萎病、炭疽病。

4. 新欣 1 号

是河北省高碑店市蔬菜研究中心育成。本品种属于早熟品种，植株生长势中等，从开花到果实成熟大约 28 天左右。果实近圆形，外形美观，皮色浅绿，上覆有深绿色清晰条带和蜡粉。皮薄，但有韧性，果肉红色，果肉嫩脆多汁，中心含糖量13%左右，单果重7～13千克，最大果重15千克，亩产4 000～5 000千克。

该品种最大特点：耐低温弱光，瓜码密，花粉多，易坐果，结果部位整齐一致，果形周正，无畸形果，无空洞纤维少。抗病、早熟、优质，膨果速度快，籽少，不倒瓤，是最佳的保护地品种。

5. 黄皮京欣1号

最新育成的中早熟黄皮西瓜一代杂种。全生育期90天左右，雌花开花至果实成熟28天左右。生长势中等，坐果性极强。在保护地可支架栽培，或爬地栽培留2个果。果实圆形，皮色金黄、鲜艳，条纹不明显，不易出现绿斑。瓜瓤红色，肉质沙嫩，口感好，中心含糖量11%以上，少籽，耐贮运，高抗枯萎病、兼抗炭疽病，露地种植平均单瓜重4千克左右。适合保护地与露地早熟栽培。黄皮京欣1号中早熟黄皮西瓜，果肉红色，少籽，耐贮运、抗病，适合保护地与露地栽培。

6. 无籽京欣1号

将京欣1号的亲本诱变成四倍体，并配制成无籽三倍体。中早熟，开花后31天左右成熟，圆瓜，单瓜重5千克左右，瓜瓤桃红色，甜度达12白利度以上，甜度梯度小，肉质脆嫩，皮薄且硬，耐贮运，适合保护地和露地早熟栽培。

7. 京欣3号

属中晚熟无籽西瓜品种，全生育期为110天左右。植株生长旺盛，应适当稀植。适应性广，抗病性强。圆果，黑绿底色，有黑绿条纹。红瓤，肉质沙脆，中心含糖量12%以上。耐贮运，单瓜重 6～8 千克，大瓜可达 10 千克以上，一般亩产 5 000 千克左右。适合全国露地栽培。

8. 京欣 4 号

最新育成的中晚熟黄瓤无籽西瓜一代杂种。全生育期为 105 天左右。雌花开花至果实成熟 33 天左右。植株生长势旺，较抗病。果实圆形，绿底窄条纹，皮较薄。果肉黄色，着色均匀，肉质脆嫩，口感好，中心含糖量 11%以上。单瓜重 6 千克左右。适合露地和保护地栽培。京欣 4 号最新育成的中晚熟黄瓤无籽西瓜一代杂种。生长势旺，较抗病。果肉黄色，质地脆嫩，口感好。适合露地和保护地栽培。

9. 京秀

最新育成的小西瓜新品种。早熟，果实发育期为 28～30 天，全生育期为 85～90 天。植株生长势强，适合露地和保护地栽培。果实椭圆形，绿底色，锯齿形条带，果形周正美观。易坐果，单株坐果 3～4 个，平均果重 2 千克左右，一般产量 2 500 千克/亩。剖面均匀，无空心、白筋。果肉红色，肉质脆嫩，口感好，风味佳。中心可溶性固形物含量 13%，糖度梯度小，皮薄且硬，耐贮运。可连续坐果，分期采收。适当稀植，爬地栽培定植密度 450 株/亩左右，3～4 蔓整枝。京秀最新育成的小型西瓜新品种。早熟，果肉红色，口感好。皮薄，耐贮运。适合露地和保护地及二茬瓜栽培。

10. 京抗 1 号

植株生长势中等，中早熟，生育期 90 天，雌花开放至果实成熟 30 天左右。品质优良，果实圆形，绿底色，覆有明显的条纹，品质佳，果肉桃红色，糖度高，肉质脆嫩爽口。抗病性强，兼抗枯萎病、炭疽病，耐重茬。果皮韧、耐运输。单瓜重 5 千克以上，亩产量4 000～5 000 千克。

11. 京抗 2 号

植株生长势极强、叶色浓绿，全生育期 90～95 天，雌花开放至果实成熟 30～32 天。品质优良、果实圆形、浓绿底色，覆有深绿色条纹，果肉红色、少籽，糖度高，口感好。对枯萎病、炭疽病具有中等以上抗性，果皮韧、耐运输。单瓜重 5 千克以上，亩产 4 000～5 000 千克。

12. 爱耶 1 号

早熟、抗病、适应性广，雌花开放至果实成熟需要 28～30 天。品质优良、果实圆形、浓绿底色，覆有深绿色条纹，果肉红色、少籽、糖度高、口感好。对枯萎病、炭疽病具有中等以上抗性，果皮韧、耐运输，高抗裂果。单瓜重 5 千克以上，亩产 4 000～5 000 千克。

13. 爱耶 8 号

中熟品种，抗病、适应性广、雌花开放至果实成熟 32～34 天。果型高圆形，条带明显。优质、高产，亩产 5 000 千克以上。抗病、耐重茬、耐运输，是西农 8 号的替代品种。

14. 中科 1 号

中国农业科学院郑州果树所育成。特早熟，雌花开放至果实成熟需要 28～30 天。中大果型，外观亮丽，果实圆形、绿底色，覆有明显的条纹。果肉红色、少籽、糖度高、口感好。

15. 中科 6 号

中国农业科学院郑州果树所育成。品质特优、特抗裂果、抗病、大果型、耐运输、果形美、易坐果、适应性广。

16. 格特26

巨型早熟品种，耐重茬，果皮厚薄适中，不裂瓜，果肉大红，含糖量13白利度左右。坐果后26天，单瓜重即可达12千克左右，最大果重30千克。

17. 早春红玉

日本进口品种，极早熟，叶片中等，易坐果。果肉大红色，肉质细脆，含糖14%左右。果皮薄，单瓜重2.5千克左右，每亩2 000千克以上。低温弱光条件下仍坐瓜稳定，结瓜整齐，皮色艳丽，抗病性强，品质好。

18. 安生7号

本品种2005年7月1日获得农业部植物新品种权证书，品种权号：采拿0067.9。

早熟品种，花皮圆形果，单果重10千克左右，最大果可达15千克以上。中心含糖量13%，并且梯度小，外观好，绿底有深绿色条带，果形圆，不易裂果、不空心，耐运输。全生育期85天，果实开花到成熟28天，生长健壮，较抗病，易坐果。

19. 丽兰

抗病、耐重茬。单瓜重2.5千克；中心含糖量13%～14%；耐低温弱光，早春大棚栽培极易坐果，果实发育期26天。亩产2 500千克左右。

20. 秀丽

少籽，底色浅绿，熟性早，果实发育期24天，单果重2.5千克左右，中心含糖量13%左右。抗病性强，耐低温弱光。适宜春大棚种植，可生产多茬瓜。

21. 春果 2 号

抗病耐重茬。适宜保护地和露地种植。单瓜重 3 千克左右；耐低温弱光，早春栽培极易坐果，果实发育期 24～25 天。第一茬瓜产量为 2 000～2 500 千克/亩，总产量可达 5 000 千克左右。

22. 早抗丽佳

安徽省丰乐种业育成。早熟种，开花至成熟 30 天左右，果形圆形，果皮翠绿色，底上覆盖墨绿色条带，瓤色鲜红，肉质细脆，中心折光含糖量 12%左右，口感好，风味佳。单瓜重 5～7 千克，最大果可达 10 千克以上。该品种长势稳健，抗逆性较强，适应性广，适宜地膜覆盖和大、中、小棚早熟栽培。

23. 甜妞

安徽省丰乐种业育成。极早熟品种，果实发育期 25 天左右。短椭圆果，浅绿皮覆细条纹，条纹规则，果形圆整丰满。皮厚 0.4 厘米左右。植株长势中庸，抗病耐湿，易栽培，适宜特早熟棚室、早熟小拱棚等保护地栽培。中心含糖量 13%左右，果肉为黄色，肉质脆爽，汁多。口感香甜，籽少，风味佳。单果重 2.0～3.0 千克。皮薄而韧，耐贮运。

24. 红双喜

瓜瓤、种子变色快，可以抢早上市的中早熟大果品种。植株长势稳健、抗病抗逆性强，耐低温弱光、适应性广，极易坐果，开花至成熟 30～32 天；商品瓜底色艳绿，条带均匀，惹人喜爱；瓤色大红艳丽，籽黑小，剖面整齐一致；含糖量 12%～13%，汁多脆爽，品质超群。皮厚 0.8 厘米，坚韧耐裂，货架期长；单果重 9～12 千克，最大果重可达 15～17 千克，亩产达 5 200 千克以上。

25. 陕抗7号

中晚熟、大果型圆果。长势强健，高抗重茬，耐低温、耐湿性强，易坐果，皮色为绿色鲜美，蜡粉适中；瓤色红艳，肉质脆爽，含糖量13%，特耐贮运，货架期长，可与无籽西瓜和礼品瓜媲美；单瓜重10～12千克，大瓜15千克以上。

26. 少籽津花6号

利用韩国和日本优良资源，采用少籽育种专利，率先育成少籽京欣类型西瓜新品种。

早熟，坐果后25～28天即可上市，平均单果重6～8千克，中心含糖量可达13.5%以上，瓤色鲜红，籽少，优质，不裂果，低温下生长快，易坐果，不易畸形空心，适宜保护地和露地早熟栽培。

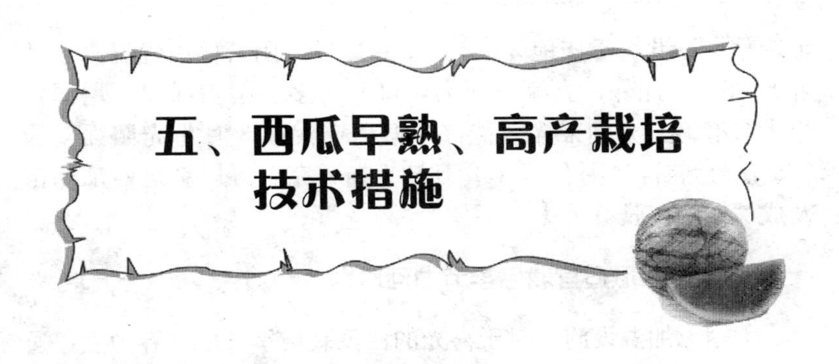

五、西瓜早熟、高产栽培技术措施

1. 大棚栽培技术有哪些要求?

(1) 早熟优质西瓜对大棚结构的要求。

(1) 简易钢管大棚。江苏南部地区普遍使用的是简易钢管大棚类型，具有结构简单、用材省、造价低和易于自行加工等优点，其跨度为4～6米，长度为30米，适合西瓜栽培。上海等地大棚的结构与江苏地区大体相同。北方地区钢管大棚的跨度为8～12米，长度为40～50米。

(2) 竹木结构。是用水泥做立柱或用木材做立柱，用毛竹做拱架，跨度8米、12米、14米不等，高度1.8米、2.5米，长度45米、50米，甚至山东地区长度在150米、200米。

(2) 大棚性能。

大棚具有良好的采光、增温、保温、保墒效应，能有效地克服北方早春低温，南方阴雨不良天气影响，为早春西瓜生产创造适宜的环境条件，是当前较为理想的早熟栽培设施。据观测，北京地区3月下旬至4月下旬，外界气温较低，而大棚内最高气温可达15～38℃，比露地高1.5～2.5℃，棚内最低气温0～3℃，比露地高1～2℃，随着外界气温升高，棚内与露地的温差加大。4月份棚内最高温度可达40℃，棚内外温差达6～20℃，棚内土壤温度显著增加。3月下旬一般可保持13℃以上，4月上旬至下旬土温较露地高3～8℃，最高可达10℃以上。在南方地区如江苏南部、湖北、重庆地区，3月下旬以后，阴天棚内气温高于外界6～8℃。此外，大棚空间大，可采用多层覆盖保温，增温效果大有潜力。大棚采光效能好，据测定大棚3月份光照强度为0.8万勒克斯，4月份为1.2万勒克斯，完全可以满足西瓜幼苗及成株期的生长。

2. 大棚西瓜适宜栽培季节为何时？

大棚无加温设施，对于喜光的西瓜栽培季节以早春为主，通常在无其他覆盖的情况下，在当地终霜前25～30天定植，大棚内土壤温度稳定通过15～18℃，最低气温不低于5～8℃，一般要求气温稳定通过15℃时，即可定植大苗。

表5-1 大棚西瓜不同地区栽培季节

地区	播种期（月/日）	定植期（月/日）	收获期（月/日）	育苗场所
长春	3/25～3/31	4/25～4/30	6/25～7/5	日光温室温床
北京	2/25～2/28	3/25～3/31	5/25～5/30	日光温室温床
济南	2/15～2/20	3/15～3/20	5/15～5/20	日光温室温床
南京	2/25～2/28	3/25～3/31	6/1～6/5	大棚套小棚温床

由于大棚栽培西瓜投资并不多，见效快，大棚当年投资当年见效，是地膜栽培效益的4倍，是双膜覆盖的3倍。近几年来随着保护地不断发展，种植技术的提高，栽培方式及栽培设备的不断改进，栽培季节也越来越提前。山东省昌乐、聊城地区大棚内利用5层覆盖，定植期提前到2月20～28日，北京地区利用3层、4层覆盖，定植期提到3月5日左右，沈阳地区也利用2层或3层覆盖，把定植期也提前到4月初。与此同时，收获期也相应地提前。山东地区大棚收获期提前到5月初，北京地区也提早到5月10～15日，沈阳地区收获期提早到6月初至中旬。

3. 适合于大棚栽培优质西瓜的品种有哪些?

大棚小气候与小拱棚、地膜等有很大的差异，大棚内温度升高得快，昼夜温差大，湿度大，光照较弱，所以对品种要求：早熟，易坐果，耐湿性强，耐弱光。

通过 8 个品种的对比试验可以看出京欣 1 号无论从产量、品质，还是单果重都比其他的品种表现突出。京欣 1 号被全国选为最适合于大棚等保护地早熟西瓜栽培种之一。13 年来京欣 1 号西瓜在大棚等保护地栽培面积一直占据榜首，而且面积越来越大，全国每年栽培京欣 1 号的面积达 350 多万亩，占早熟西瓜面积的 85%以上，而且 80%都利用保护地栽培。

4. 大棚西瓜栽培密度如何确定?

大棚西瓜定植密度为自根苗，即直接播种育苗没有采用嫁接的西瓜，每亩为 800 株左右。嫁接苗定植密度 600～700 株。据不同密度试验可以表明产量的高低（表 5-2、表 5-3）。

表 5-2　自根苗密度与亩产量单果重的关系

株数	小区产量（千克）				平均	折合亩产（千克）	单瓜重（克）
	Ⅰ	Ⅱ	Ⅲ	Ⅳ			
800	44.5	50.9	43.1	52.5	47.8	2 390	2 615
1 000	43.0	45.7	43.3	48.1	45.0	2 250	2 445
1 200	40.9	39.8	42.1	44.8	41.9	2 095	2 360
1 400	40.5	34.5	37.3	43.5	39.0	1 950	2 165

通过小区试验，表明 800 株产量最高，并非单位面积的株数越多产量越高。通过此试验表明，只有合理的密度，才能获得高产、稳产。

嫁接栽培密度从产量和单瓜重测验，产量以 700 株为最高，随着密度加大产量有下降趋势，从产量和商品瓜质量综合分析，密度以每亩 667 株为最佳。

表 5-3 嫁接苗密度与产量的关系

株数	Ⅰ	Ⅱ	Ⅲ	平均	亩产（千克）	单瓜重（克）
500	397.2	385.9	401.0	394.7	3 083.8	5.86
600	419.3	416.4	440.9	425.5	3 324.5	5.55
700	434.2	434.7	441.2	436.7	3 411.7	4.39
800	427.7	417.4	398.8	414.6	3 239.1	4.15

5. 西瓜育苗有哪些方法?

(1) 设施栽培早熟优质西瓜传统育苗方法（自根苗）。

①确定苗期。在大棚保护地栽培的情况下，土壤温度稳定在 15℃，棚内温度不低于 10℃，一般为 15℃的情况下，育苗播种期向前推 25～30 天。大棚栽培可以提早 45～50 天进行播种育苗。

②育苗前的准备。大棚栽培的西瓜要提前 45～50 天就可以播种育苗，这时期，北方地区在 1 月底至 2 月初进行播种，这时外界气温很低，不适于西瓜苗的生长，必须采用加温设备才能保证苗期所需的温度。育苗前要有加温设备。

A. 温室育苗。有条件的可采用加温温室，即有后墙，里面可有火道进行室里加温，或日光温室，利用地热线育苗。

无论加温温室或日光温室都要在育苗前 15 天左右，加盖薄膜，提高温室内的地温、气温。夜间加盖草帘防止温室内的热量散失。

B. 育苗营养土的准备。营养土的结构和成分对西瓜根系和幼苗生长有直接的影响，它应具备不带病菌、虫卵和杂草，土壤要求肥沃，具有全面的营养，质地疏松，保水保肥。配制时应掌握松紧度，过松移植时易破碎损伤根系，影响成活；过于紧实则影响发根和幼苗正常生长。

营养土可用田园土、稻田表土、风化河塘泥、炉灰、牛马猪厩肥、家禽粪，按一定的比例配制，具体的配比可根据当地的土质灵活掌握，最好于使用前3个月堆制腐熟，拌匀，过筛后使用。必要时可在营养土中加入少量的化肥，但必须控制用量，并与土充分拌匀，以免引起灼伤根系。其用量为每立方米床土加尿素0.25千克，过磷酸钙1千克，硫酸钾0.5千克或氮、磷、钾三元复合肥1.5千克。

必要时应进行床土消毒。常用的土壤消毒方法是每立方米培养土用40%的福尔马林200～300毫升，加水25～30千克，搅匀后洒到土里，土面覆盖塑料薄膜后闷2～3天，达到充分杀菌，然后摊开散发药气后使用，可防止苗期猝倒病。苗床底部用90%晶体敌百虫800倍液浇注，可有效防止蚯蚓、蝼蛄等为害。

③播种前种子的处理及播种。

西瓜苗期生长好坏关系到后期坐果性，是影响产量、品质的主要条件。所以苗是基础，培育一个壮苗是全生育期的关键所在。

壮苗标准：苗龄适宜，子叶完整，下胚轴粗短，子叶平展、肥厚，节间短，叶色浓绿，根舒展，白嫩；解剖上组织排列紧密，保护组织发达；在生理上组织的含水量较低，细胞液浓度和含糖量较高，具有以上特点的幼苗耐寒、适应性强，具有较高的生理活性，定植后缓苗迅速。

子叶是西瓜幼苗早期主要的营养和能量的来源，它贮藏有大量的营养物质，为种子发芽和幼苗生长提供能量物质，子叶出土后是同化作用的主要器官，虽面积不大，但光合效能较成长植株叶片为强，为幼苗根系生长和叶、花原基分化提供营养，对幼苗生长起决定作用，因此保证子叶正常生长，维持其较长时间，对培养壮苗具重要意义。

A. 浸种催芽。用55℃温水浸种，搅拌15分钟后，浸泡6～8小时，放在温度28～30℃的恒温箱内催芽。每天用清水投洗

1～2遍，用来包种子的纱布或毛巾水分不可过大，保持潮湿即可，如湿度过大，种子吸水过多，易烂种。影响发芽的因素是温、水、气，所以在催芽期间调节好温、水、气3个条件。气是在催芽过程中利用换水补充氧气，促进出芽快、齐。一般情况下，京欣1号西瓜在30℃温度下，24小时75%发芽，48小时发芽可达90%以上。

B. 播种。播种前，做好苗床，把配好的营养土装入8厘米的营养钵或营养纸袋内，平放并排列紧密，以便浇水一致，保温、保水，防止纸钵破碎。放好后，要充分浇足水分，保证出苗期对水分的需求，待水下渗后播种，一钵一粒发芽的种子，胚根向下，种子平放。播种后覆过筛湿润的田园土，覆土厚度要一致，厚约1厘米为宜。过浅，表土易干而且种子易“戴帽”出土，影响子叶展开和幼苗的发育。播种覆土后不用浇水，保持土面疏松。

播种后，在苗床上加盖小拱棚，保持湿度，提高温度促进出苗。利用地热线育苗的，在播种后，加盖小棚，通上电，地温保持在18～20℃。夜间小棚上面再加盖草帘保持小棚内的温度。

播种后一般4～5天即可出苗。当苗破土后，营养钵内出现裂缝，水分易散失，应及时覆一层过筛的、湿润的细土。并在白天把小棚揭开，以免引起高温烧苗。

④苗期管理应注意的关键技术。

A. 温度管理。应采取变温管理。播种至发芽出土，需较高的温度，以加速出苗，因此苗床应严密覆盖，白天充分见光提高苗床温度，夜间利用地热线增加地温，加盖草帘保温。在出土前白天小棚内温度28～30℃，土壤温度18℃以上。出苗后应适当降温，白天保持20～25℃，夜间15～18℃，如果此期间苗床温度过高，则下胚轴伸长，极易形成“高脚苗”，生长纤弱。真叶展开以后，下胚轴已不会过度伸长，可适当升温，白天维持在25～28℃，夜间在18～20℃，以加速瓜苗生长。大田定植前一周左右，应逐渐降低床温，进行揭膜放风锻炼，以提高适应性。

电热线温床白天利用日光加温，播种至出土前土温控制在18～25℃，阴天和夜间均通电加温，真叶出现前每天傍晚加温4～6小时，控制在18～22℃，第一真叶出现后外界气温升高，就不必再加温了。

苗床通风应逐步增加，首先揭两端薄膜，而后在侧面开通风口。通风口应背风，以免冷风直接吹入伤苗。晴天应密切注意床温，及时放风降温，防高温伤苗。苗床温度管理要避免两种倾向，一是不敢通风降温，结果苗床温度偏高，幼苗生长弱，适应性差；另一种是片面强调降温锻炼，过早揭膜，结果幼苗受低温影响生长缓慢，严重时造成僵苗和“老小苗”。正确的方法是根据以上原则和当时气候条件灵活掌握，要求30～35天苗龄达3～4片真叶（指自根）。

B. 光照。塑料薄膜的透光率约70%，如严密覆盖，空气相对湿度达饱和状态，则透光率更低，因此在管理上应尽量争取较多的光照。如采用新膜，保持膜面的清洁度，增加透光率；在床温许可的范围内早揭膜，晚盖膜，延长光照时间；适当通风降低苗床湿度；温暖晴天揭除薄膜等，均有效地改善苗床光照状况。在连续阴雨天，也应设法通风，如在床侧间隔一定距离用砖或木棍支起，通风降温增加光照。

利用加温温室育苗或日光温室地热线育苗，当苗出土后，白天揭开小棚和草帘，以增加光照时间。

C. 水分。前期苗床要严格控制浇水，这是因为播前已充分浇水，播种后苗床以保温为主，水分蒸发量不大，浇水会降低床温，增加湿度，易引起幼苗徒长，发生病害。可用覆细土减少水分蒸发，当表土发白发生缝隙时覆细土，增加土表湿度，保护根系，齐苗时再覆一次。

育苗中后期，气温较稳定，通风量增加，土壤蒸发量相应增加，幼苗真叶已有1～2片可适量浇水，补充水分。通常于晴天午间进行浇水，浇水量不宜过多，浇后待植株表面水分蒸发后盖膜，避免苗床湿度过高。定植前浇1次水，这次水要充分浇透，防止散坨伤根影响缓苗。

西瓜苗期较短，不必多次施肥。通常不再追肥。但育苗期间温度较低，光照不足，特别是南方地区，育苗期间阴雨天较多，造成出苗慢，苗生长也慢，苗期长。如果育苗营养土又不肥沃，造成幼苗瘦弱、发黄，真叶小不舒展，就利用叶面喷肥或灌根的方法补充营养，使苗生长健壮。喷施可利用尿素0.3%、磷酸二氢钾0.2%作为根外追肥，也可利用叶面宝、喷施宝等生物制剂进行根外追肥。

D. 病虫防治。苗期的主要病害为猝倒病、炭疽病，虫害有蚜虫等。病害应采取预防为主，在苗床管理上主要控制湿度，防止湿度过大，造成猝倒病、疫病、炭疽病的发生。如一旦发生，利用瑞毒霜800%灌根防治猝倒病。用600～800倍甲基托布津防治炭疽病等。蚜虫利用1 500～2 000倍的氧化乐果混合液防治。

(2) 嫁接育苗。

①西瓜嫁接育苗的必要性和优点。

由于近几年北京地区西瓜设施栽培面积逐年增加，所以重茬问题也日益突出。长期连作会造成土壤环境恶化，导致枯萎病、线虫等土传病虫害严重发生。通常，解决连作障碍可采用轮作、土壤消毒、农药灌根等措施。轮作倒茬周期长，土壤消毒和农药灌根等不仅造成农药残留多，而且成本高。而采用嫁接换根栽培技术是目前解决西瓜土传病害和连作障碍问题的重要途径。通过西瓜嫁接技术不仅能减少病虫害的发生，还可以提高抗逆能力和肥水利用率，增加产量和改善品质，是一项周期短、投资省、见效快的西瓜增产增收技术措施。

嫁接栽培的优点有以下几个方面：

A. 克服重茬障碍，提高了抗病能力。嫁接育苗是选择对西瓜枯萎病有抗性或免疫的瓜类作物做砧木，从而达到抗病以至免疫的目的。另外，一般所选用的砧木品种都具有较强的抗土传病虫害的能力，因此嫁接苗的茎叶生长旺盛，抗逆性增强，其茎、叶等部位的某些病害的为害程度往往也有所减轻。

B. 提高肥水的利用率。由于砧木都选用根系发达、吸收肥水能力比栽培自根西瓜强的野生或栽培的品种，根系分布广阔，能够利用较大范围土壤容积的水分和养分，加之砧木根系吸收肥力较强，地上部的生长相应的增加，叶片肥厚，叶面积增大，光合作用加强，因此，生根苗植株达到同等生长势应减少施肥量，可比自生根减少20%～30%，从而提高了西瓜对土壤肥水的利用率。

C. 增强西瓜的抗逆性，增产效果明显。嫁接后植株多表观为生长势强，对低温、干旱或潮湿、强光或弱光、盐碱或酸性土壤等的适应能力都高于未嫁接的西瓜。早春可比子根苗提早定植，结果期较长，产量增加较为明显，一般每亩可增产30%以上，如嫁接后的西瓜可增产30%～50%。

D. 可以改善果实的品质和风味。嫁接栽培的果实只要选用合适的砧木，一般不会使品质下降，而且还可以改善果实的品质和风味。如嫁接西瓜含糖量增加，瓜形周正，外观好，而且瓜肉色泽艳丽、味鲜。

E. 省工省事、节约成本。采用嫁接技术西瓜种植不用再进行倒茬，节约了土地资源，技术简单易学，容易掌握应用。

F. 保存育种材料，扩大繁殖系数。在育种材料较珍贵或育种材料很少的情况下，为了避免偶然因素引起丢失，可以将枝条或芽嫁接在适合的砧木上培育成植株，达到保存材料、扩大繁殖系数的目的。

②嫁接前需要的准备工作。

西瓜嫁接前一定要做好以下几项准备工作：

A. 嫁接砧木和接穗籽种的准备。西瓜嫁接前首先要根据不同嫁接方法的要求，事先准备好嫁接所需的砧木和接穗的籽种。

B. 选择适宜的嫁接场所。西瓜接对嫁接场所有严格的要求，要使场所内有适宜的温度、湿度、光照等条件来保证嫁接苗的成活率。

C. 准备好嫁接所需的用具。西瓜嫁接所需的用具主要有遮阳网、托盘、小喷壶、刀片、竹签、嫁接夹、清水、消毒药剂、木板和板凳等。

D. 育苗床的准备和营养土的配置。根据育苗方式选择适宜的育苗床，并按照西瓜砧木和接穗的生长发育特点以及对营养的要求，配置优质的育苗营养土。

E. 准备育苗钵和育苗盘。根据西瓜嫁接砧木和接穗的需要，要准备适宜大小的育苗钵和育苗盘，一般西瓜嫁接砧木将播在育苗钵中，西瓜嫁接接穗播在育苗盘中。

(3) 西瓜嫁接场所的选择。

西瓜嫁接场所应在日光温室或塑料大棚中进行，嫁接场所要保持一定的温湿度，以免幼苗萎蔫。嫁接时除有关用具要注意消毒外，还要保持嫁接场所的干净、整洁。具体要求是：

①温度。嫁接场地气温白天在25～30℃，夜间在18～20℃，地温在22～25℃。因为温度过高易造成嫁接苗失水萎蔫，使嫁接苗成活率降低。温度过低影响嫁接苗的伤口愈合，同样会影响嫁接苗的成活率。对于地温达不到的场所，可以采用加设地热线的方法来提高地温，满足嫁接苗的温度要求。

②湿度。嫁接场地空气相对湿度必须保持90%以上。因为高湿度有利于嫁接苗伤口愈合，如果湿度过低容易造成嫁接苗失水，发生萎蔫而降低嫁接成活率。

③光照。嫁接场地不能太阳直射。在嫁接操作过程中一定要注意避免太阳直射，因为太阳直射容易引起嫁接苗失水导致萎蔫，从而影响成活率。可以采取在棚膜上加盖遮阳网的措施，保持散射光照，达到嫁接苗的光照要求。

（4）西瓜嫁接时需要的嫁接用具。

西瓜嫁接时所需要的用具主要有：遮阳网、托盘、小喷壶、刀片、竹签、嫁接夹、清水、消毒药剂、木板和板凳等。

①遮阳网。覆盖在棚膜外面起到遮阳降温的作用，防止嫁接苗受到太阳直射，导致失水萎蔫。

②托盘。用来搬运砧木、接穗以及嫁接好的西瓜嫁接苗，如果没有托盘也可用塑料箱代替。

③小喷壶。用来对嫁接苗喷水，如果嫁接苗失水萎蔫可用喷壶及时喷水补救。

④刀片。用来切除砧木的生长点和心叶以及削切砧木、接穗接口。即一般剃须的双面刀片，嫁接时将其一掰两半，既节省刀片，又便于操作。

⑤竹签。在插接法中用来对砧木苗茎插孔和挑拨砧木苗的心叶和生长点。竹签一般大多采用薄竹片加工而成，长度在10～12厘米、宽度为0.3～0.5厘米为宜，插孔端应根据砧木的粗细来定，有利于接穗与砧木的贴合，保证嫁接苗的成活率。

⑥嫁接夹。嫁接完成后要用专用的嫁接夹对砧木和接穗的接合部为进行固定。目前市面上销售的嫁接夹有两种，一种是圆口嫁接夹，另一种是方口嫁接夹。需要注意，如果使用旧嫁接夹，事先要用200倍甲醛溶液泡8小时消毒。

⑦清水。嫁接过程中必须保持清洁，因此要有清水随时清洁双手和嫁接用具。

⑧消毒药剂。一般使用的消毒药剂是500～800倍的50%多菌灵或75%百菌清药液，作为嫁接前后喷施嫁接苗的消毒药剂。

⑨木板和板凳。木板的作用是搭建嫁接工作台，以便于嫁接操作，提高嫁接的速度。

（5）影响西瓜嫁接成活的因素。

①砧木与接穗的亲和性。砧木与接穗的亲和性由它们的亲和力来反应。亲和力是指砧木与接穗嫁接以后能否成活，成活以后

能否正常生长。因此，砧木与接穗亲和力的高低不仅是影响嫁接成活的首要因素，同时也是成活后嫁接苗能否正常生长的关键。

②砧木和接穗的质量。嫁接成活过程中，细胞分裂、产生愈伤组织都需要一定的营养物质作基础，如果砧木和接穗生长健壮，养分充足，则愈伤组织形成快而多，有利于成活。所以培育根系发达、茎叶粗壮的适龄砧木与接穗幼苗，对提高嫁接成活率具有非常重要的意义。

③砧木和接穗的苗龄。砧木、接穗的苗龄太小，组织太幼嫩，提供养分和抵御伤害的能力都比较弱，不易成活，操作也不方便；如果砧木和接穗苗龄太大，幼苗茎秆木质化程度高，不利于愈伤组织的形成。尤其是西瓜砧木幼苗，苗龄稍大，茎秆中央的空腔（称为髓腔）就形成了，且随着苗龄的增大而增大。嫁接时切口很容易到达髓腔，使接穗与砧木不易结合紧密，并可导致接穗长出新根沿髓腔到达土壤，失去通过嫁接以达到预防土传性病害的目的。若遇有髓腔的砧木幼苗，切削时应掌握好切口的深度。苗龄较大的幼苗，切口深度占茎秆粗度的比例要相应减少，才不至于切到髓腔。因此，嫁接时，要选择适当的砧木和接穗苗龄。此外，根据不同的嫁接方法，培育砧木和接穗苗龄相宜的幼苗也很重要。例如，使用靠接法要求砧木与接穗幼苗大小相等或相近；采用顶插接法时，则要求接穗的苗龄要小，砧木的苗龄5～7天，茎秆粗度略小于砧木。

④嫁接技术。砧木、接穗切面结合的紧密程度是形成愈伤组织，砧木、接穗维管束相互连通的关键。砧木、接穗切面平直、光滑，才能相互紧贴。因此切削时，刀片要锋利，要选择质量好的刀片，避免重复下刀。切口的深度要适宜，切口过深，容易切到髓腔；切口过浅，砧木与接穗的接触面小，愈合面积小，影响成活率。在固定砧木与接穗的接触面时，尽量使维管束相对。在用嫁接夹固定时，注意松紧适度。太紧，容易夹碎幼苗；太松，不容易夹稳，容易造成接穗脱落。

⑤嫁接后的管理技术。嫁接成活率的高低除受以上因素影响外，与嫁接后的管理直接相关。嫁接的环境条件相当重要，主要是指嫁接场所的温度、湿度和光照。适宜的温度不仅便于操作，同时也利于伤口的愈合。

（6）育苗床的选择及营养土的配置。

育苗床的选择要设在有加温设施的日光温室内，应选择有利于嫁接的低畦苗床，并且必须是苗床内要保证畦面平整便于营养钵的摆放。一般苗床大小 1.2～1.5 米宽、5～6 米长，畦面比地面或畦埂低 20 厘米左右。冬季和早春育苗为提高地温保证温度应加设地热线，有条件的应加设控温仪，保证恒温出苗整齐一致。

营养土的配置必须符合瓜类砧木及接穗的营养需求，具备优越的栽培条件，具有疏松、透气、营养全面、保水保肥、无病虫害及杂草种子等特点，其配置方法有 3 种方法可以选用。

①选用 50％草炭、50％肥沃园田土（田园土必须是近年未种过瓜类，最好是从刚刚种植过葱蒜类、生姜等作物的地里取土），将土过筛去除土内杂质如石块、杂草、杂物等。每立方米基质加三元复合肥 1 千克、尿素 500 克、50％多菌灵 100 克，充分混合。

②无土育苗。按蛭石加草炭 1∶3（体积）的比例进行配制，另外每立方米基质加三元复合肥 1 千克、尿素 500 克、50％多菌灵 100 克，再加适量的微量元素；注意配置时要充分混合均匀，细碎。

③按充分发酵优质有机肥加未种过瓜菜的田园土进行配制，比例为 1∶1，另外每立方米基质加三元复合肥 1 千克、尿素 500 克、50％多菌灵 100 克，再加少量的微量元素、育苗素、杀菌药剂。

（7）利用电热线制作育苗温床。

一般西瓜嫁接育苗温床准备 2～3 个，每个温床单独由一根地热线控制，便于以后的温度管理。电热线的功率要求，对于西瓜嫁接育苗的砧木及接穗一般要求每平方米 100 瓦的功率。有条件的最好安装控温仪器与电热线进行配套使用，便于调节和控制温度。

具体操作方法是：铺设电热线最好由 3 个人来完成，首先按照挖好苗床，苗床的大小一般长 5～6 米，宽 1.2～1.5 米，深度 10 厘米。一定要将畦底部整平踩实。然后准备好插地热线的小木桩，长度在 15 厘米左右为宜。第一步，插小木桩。距离一般西瓜育苗合理的间距是 8～10 厘米。第二步，放线。苗床两头各有一人负责挂线，还有一人专门负责放线，从一端开始，将电热线往返木桩，要求必须让电热线在一个水平面上，每绕一根木桩时都要将电热线拉紧伸直。线的行数必须是偶数，这样才能使两个线头在同一边上，便于连接电源。第三步，安装控制闸门和控温仪。第四步，撒土埋线。电热线铺设完成就要进行撒土埋线，将电热线用土盖严，不可外露。土的厚度在 5 厘米，最好将畦面再次平好，准备育苗。

(8) 育苗钵和育苗盘的选用及装填营养土。

一般西瓜嫁接砧木所用的营养钵为 8 厘米×8 厘米或 9 厘米×9 厘米大小即可，采用营养钵育砧木苗的目的是为了减少移植伤根，有利于快速缓苗。在装营养土的要求上，由于砧木种子都是直接播到营养钵中，因此在装营养土的时候不要装的太满，一般 70%～80%满最好。装土的松紧度要适宜，太松不利于砧木的生长，太紧通透气不好，容易形成积水，因此一定要掌握好装土的松紧度。

接穗育苗盘选用平底育苗盘即可，在装营养土的方法上基本与砧木相同。

砧木也可用 72 孔的穴盘育苗。用培好的草炭、蛭石的营养土装在 72 孔的穴盘中，用木板刮平即可，不要压实。装好后，用喷壶浇透。在播种前，用一个同样 72 孔的穴盘，放在装好的穴盘上，从上面用手向下用力压。孔的深度在 1cm 左右。然后播种，上面覆盖蛭石，覆平后，放在事先准备好的苗床上。

（9）砧木应具备的条件。

砧木应具备抗瓜类枯萎病及其他病害，与接穗西瓜亲和力强，嫁接成活率高，嫁接苗能顺利生长和正常结果，且对果实品质无不良影响，嫁接时操作便利等性状。选择砧木考虑以下几方面。

①抗病性。

A. 西瓜嫁接的目的主要是防止枯萎病。选择不感染西瓜专化型枯萎病的砧木，在 1997 年对蔬菜中心育种材料的砧木进行筛选，并育出了 2 个综合性状优良的砧木品种——强刚 1 号、强刚 2 号。2001 年选育的京欣砧 1 号。

B. 抗急性凋萎病。急性凋萎病是一种生理性病害，发生条件为在结果中后期，突然降雨，暴雨后晴天，高温，根系呼吸受阻，窒息，导致根系死亡。失去吸收水分的能力，致使地上部在 1～2 天内全部萎蔫而死亡，急性凋萎病造成全部绝收。如 1995 年河北三河县的 3 000 亩大棚，因急性凋萎病造成绝收。所以作为西瓜砧木一定要考虑抗急性凋萎病。

②亲和性。有资料表明，西瓜与葫芦科其他种类的亲缘远近程度依次为葫芦、南瓜、甜瓜、黄瓜。

亲和力包括嫁接亲和力和共生亲和力。嫁接亲和力是指砧木和接穗愈合的能力；共生亲和力是指嫁接成活后接穗与砧木共生的能力，包括植株的生长、开花、结果及果实发育状况。共生亲和力强的嫁接苗生长发育正常，并且比不嫁接的自根苗生长茂盛。如果共生亲和力弱，即使嫁接成活好，但后期生长受阻，表现为发育缓慢，并出现瓜苗发黄、坐果不良等现象。

嫁接亲和力与共生亲和力有一定的关系，但二者并非完全一致。如有的砧木种类与西瓜嫁接成活率高，但植株进入伸蔓期或坐果期以后表现生长受阻，坐果不良或果实不能正常发育成长。

而共生亲和力强的种类和品种，嫁接成活率一般是较高。不同嫁接方法也影响嫁接亲和力。

③果实品质。关于不同砧木种类与西瓜果实品质关系，一般认为葫芦砧木不影响果实的甜度、质地、色泽和风味，而南瓜砧木果实的品质较差，主要表现为肉质变软、风味变差、中空、纤维增加。

用南瓜嫁接的西瓜影响风味、出现空洞等。不同砧木嫁接后的纤维含量、皮厚、含糖量各有差异，从而影响品质。

(10) 西瓜嫁接方法的确定。

瓜类蔬菜的嫁接方法主要依据嫁接目的、砧木和接穗品种类型，以及嫁接操作人掌握技术的熟练程度等多方面来决定。

①根据嫁接目的来确定嫁接方法。如以防病为目的，应当注意将嫁接部位远离地面，以免产生不定根或接口处接触到土壤造成污染，选用的嫁接方法为插接和贴接；如果以非防病为目的，则可以根据砧木和接穗情况选择嫁接苗成活率高、嫁接后容易管理的嫁接方法，例如选择靠接法就比较合适。

②根据砧木和接穗的品种类型来确定嫁接方法。如果接穗苗小、下胚轴细则多用插接法；如果接穗苗大、下胚轴粗细与砧木相近则采用靠接法；砧木苗茎易发生空腔则应选用贴接法。

③根据嫁接操作人掌握技术的熟练程度来确定嫁接方法。如果嫁接操作人的嫁接技术比较熟练且有较高的嫁接苗管理水平，就应选择嫁接效果比较好的方法如插接法和贴接法；如果嫁接操作人嫁接技术生疏，同时不具有嫁接苗管理经验，这样就应选择嫁接苗成活率高的靠接法。

(11) 西瓜砧木和接穗在进行浸种催芽时应注意的问题。

①采用温烫浸种法时，一定要保证水的温度，在60～65℃热水中烫种15分钟，然后顺一个方向不断搅拌，直到温度降至30℃，进行浸种。如果对温度没有把握一定要使用温度计进行测试，水温不够时及时补充热水。

②采用药剂浸种法时，一定在浸种前先将种子用清水浸泡4～6小时，然后再用药剂进行浸泡。由药剂溶液中捞出后，一定要用清水将种子清洗干净，然后再进行催芽。

③采用药剂浸种要严格控制好浸种时间和药液的浓度，如果时间过短或药液浓度不够，达不到杀菌的目的；相反，如果时间过短或药液度过高，则会降低种子的发芽率。

④种子在催芽过程中，一定要经常翻动种子，并保证在出芽前每天用温水清洗种子，补充氧气，良好的透气环境有利于种子萌发。

（12）目前西瓜常用的嫁接方法及其特点。

目前瓜类主要的嫁接方法有4种：靠接法、插接法、劈接法和贴接法。

①插接法。插接法是用竹签在砧木的苗茎顶端进行插孔，将削好的接穗插入孔内而成。嫁接过程分为4个环节，砧木苗去心和插孔、削切接穗、接穗和砧木插接。主要特点是：A. 防病效果好。接穗距离地面远，不易造成土壤的污染，因此防病效果最为明显。B. 嫁接速度快。插接法工序少，省工时，因此嫁接速度快。C. 对嫁接砧木接穗要求高，必须是适期嫁接，否则降低嫁接苗的成活率。D. 有利于培育壮苗。插接法的砧木苗茎插孔比较深，一般斜穿整个苗茎，接穗与砧木的接触面较大，对接穗和砧木间的上下营养畅流有利，因此有利于培育壮苗。

此方法简便易行，易于掌握。

嫁接播种期的确定：根据定植期决定砧木的播种期。定植期所栽培的环境不同定植时间也不同，所定植的环境达到土壤稳定15℃，气温最低通过15℃，短期10℃低温不得超过5小时。例如华北地区大棚栽培的定植期为3月中旬左右，如大棚内有加温设备可以提前到3月上旬。山东地区利用5层覆盖可提早到2月底或3月初。根据定植期，砧木的播种期向前推45～50天，即1月底至2月初。中棚栽培的定植期为4月上旬，砧木播种期为2月底至3月初。

砧木与接穗播种标准及嫁接时间的确定：作为插接方法，砧木提前播种，播种在营养钵内，待 2 片子叶完全展开后，播种接穗；当接穗 2 片子叶完全展开后，砧木已长出 1 叶 1 心，这时达到插接标准。

插接使用的工具为 1 片刀片，1 根竹签。嫁接时先将砧木生长点去掉，以左手的食指与拇指轻轻夹住砧木子叶下部的子叶节，右手持小竹签在平行子叶方向斜向插入，即拇手向食指方向插，以竹签的尖端正好到达食指处，竹签暂不拔出，接着将西瓜苗用左手的食指和拇指合并夹住，用右手持刀片延子叶下胚轴斜削，斜面长度为 1.0～1.5 厘米。拔出插在砧木内的竹签，立即将削好的西瓜接穗向斜面朝下插入砧木的孔内，使竹签的斜面插口与接穗的斜面紧密结合。竹签斜面粗度与接穗下胚轴粗度大体相同，所以在嫁接前要多准备几个竹签，以符合不同粗度接穗的需要。这种方法，技术熟练者每人每天可嫁接 1 500 株左右。

嫁接时间的确定（45～50 天）见图 5-1。

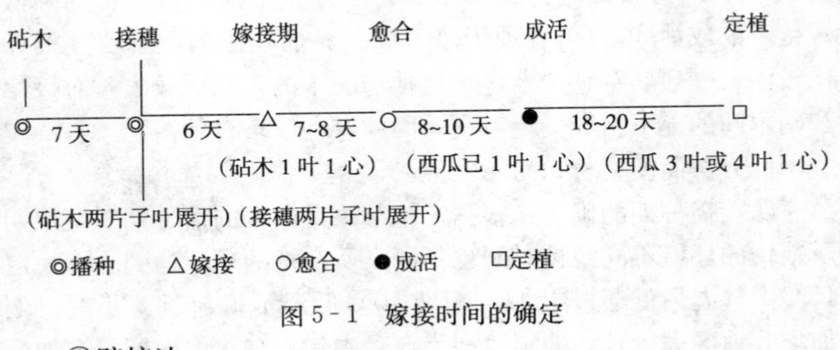

图 5-1　嫁接时间的确定

②劈接法。

A. 砧木及接穗的准备。砧木及接穗播种期基本与插接方法相同，参考插接。应注意砧木苗龄不要过大，砧木苗龄过大，接穗可能插入胚轴的髓腔，常易发生接穗愈合不良或接穗发生不定根自髓腔中空部位往下长，造成假成活现象，达不到嫁接换根的目的。接穗苗龄过大，同样造成蒸腾量大而引起凋萎，影响成活。因此应计算好砧木与接穗的播种期，并人为控制苗床温度的高低来调节砧木与接穗苗的适当大小，也是嫁接成活的关键之一。

B. 嫁接。嫁接一般在室内进行，如育苗大棚、温室等场所。

砧木：先将砧木苗真叶和生长点去掉，用刀尖于胚轴的一侧自子叶间向下劈开，劈口长度 1.5 厘米左右，只劈一侧，不可将胚轴全劈开，否则子叶向两边披开下垂，无法固定接穗。难于成活。

削接穗：沿接穗下胚轴距子叶下 1.0～1.5 厘米处朝根部方向斜削两刀，使其成楔形，削面长 1.0～1.5 厘米，将接穗插入劈口，使二者的削面紧贴，用棉线、塑料条或专用嫁接夹固定。此法易于掌握，成活率高。嫁接成活，解线和松夹以后，若遇强寒流、低温、保护措施不力，接口容易破裂，严重时接穗还会掉落；嫁接速度慢，熟练者每人每天嫁接 800～1 000 株。

③靠接法。主要特点是：A. 嫁接苗成活率高。因为靠接法属于带根嫁接法，接穗不宜失水萎蔫，对环境要求不严格，管理比较容易，因此嫁接苗容易成活。B. 嫁接速度慢。因为靠接法工序比较多，费工费时，因此影响嫁接速度。C. 靠接法的嫁接苗防病效果差。由于嫁接位置偏低，容易遭受土壤的污染，嫁接苗伤口易折断和劈裂，因此，靠接法的嫁接苗防病效果差。所以以防病为目的的嫁接栽培不宜选用此法。

靠接法又称舌接，砧木和接穗自苗床拔取时，二者的根系均应保留，或用营养钵育苗，同时播种在一个营养钵内，嫁接时不用拔出，直拉靠近。嫁接时只在砧木胚轴离子叶 1 厘米处，用刀片作 45°向下削一刀，深及胚轴的 1/3～1/2，长约 1 厘米；在接穗的相应部位向上斜削一刀，深度、长度与砧木劈口相等，砧木与接穗舌形切片的外侧应轻轻削去一薄层表皮，将二者的切片相互嵌入，捆扎固定定植在育苗钵内，放置苗床培育。嫁接苗定植时，接口须离土面3～4厘米，避免西瓜接口沾泥生根。经10天左右接口愈合，及时切断西瓜的根茎部分以及去掉砧木的生长点，及时解除捆扎物，以免紧靠接口的下部发生不定根。此方法因接穗带根嫁接，在嫁接苗湿度管理上，不像劈接、插接对湿度要求那么严格。靠接方法成活率高，但操作较麻烦，工效低。

靠接法要求砧木和接穗的高度尽可能相近，因此接穗的播期应比砧木提前5～7天，接穗第一真叶显露，砧木子叶充分平展为嫁接适期（指拔出苗嫁接）。

④贴接法。贴接法也就是老百姓俗称的“片耳朵法”，用刀片紧贴砧木的一片子叶向下斜切，将砧木片去除1片子叶。在接穗子叶下方1.5厘米处斜切，方向自上而下，切面要与砧木的切面相吻合。将切好的接穗贴靠在砧木上用夹子夹好。主要特点是：A. 贴接具有操作技术简单，嫁接速度快。B. 苗龄短，成活率高。C. 防病效果好。接穗距离地面远，不易造成土壤的污染。

砧木提前播种，播种在营养钵内，待2片子叶完全展开后，播种接穗；当接穗2片子叶完全展开后，砧木已长出1叶1心，这时达到贴接标准。首先沿砧木子叶一侧用刀片斜切掉另一片子叶，刀口长度1厘米左右。再沿西瓜下胚轴2厘米左右，同样斜切掉下胚轴，刀口长度与砧木刀口长度相同。

除以上3种常用嫁接法外，还有芯长接、二段接、断根接等方法，在此不予介绍。

（13）西瓜嫁接后的愈合过程。

西瓜嫁接后砧木与接穗的愈合过程，根据接合部位组织变化特征，可分为接合期、愈合期、融合期、成活期4个过程。

①接合期砧木、接穗切面组织机械结合，形成接触层。此期结合部位组织结构未发生任何变化，适宜条件下，此期只需24小时。

②愈合期在砧木与接穗切削面内侧，薄壁细胞分裂，产生愈伤组织，并彼此靠近，砧穗间细胞开始水分和养分的渗透交流，

直到接触层开始消失之前，此期需 2～3 天。

③融合期砧木、接穗间愈伤组织旺盛分裂增殖，接触层逐渐消失，砧木、接穗间愈伤组织紧密连接，难以区分，至砧木、接穗新生维管束开始分化之前，需 3～4 天。

④成活期砧木接穗愈伤组织中发生新生维管束，彼此连接贯通，实现真正的共生生活。嫁接后一般经 8～10 天可达到成活期。

（14）嫁接时对嫁接工具刀片的要求。

嫁接质量的好坏选择刀片也很重要，应选择刀口锋利、刚性好而不易变形的刀片，不可以选择劣质的刀片，确保切面的质量。锋利的刀片会很容易切入苗茎内，也容易削出较长的切面。另外，锋利的刀片切面会很平直，有利于接穗与砧木的贴面充分黏合。如果刀片较钝，那么就会造成切面形成波浪形，不利于接穗与砧木的贴面充分黏合，影响嫁接的成活率。锋利的刀片还可以加快嫁接的速度，减轻农民的劳动强度。目前嫁接用的刀片主要是刮脸用的双面刀片，而双面刀片容易伤人和伤苗，而且操作起来也不方便。因此，在使用前先将刀片进行对折，分为两个单面刀片。再将单面刀片的一段用胶布缠绕，这样既防止伤手，也便于捏拿。也可用医用刀片。

（15）嫁接时对嫁接工具竹签的要求。

嫁接工具竹签是主要在插接法中进行使用，由薄竹片加工而成，也可以用塑料筷子磨制而成。一般竹签的长度为 6～8 厘米，宽 0.5～0.8 厘米。竹签的插孔端形状一面为平面，平面上部为半圆形，与接穗切下来的形状相同，即为马耳形，粗细应与嫁接西瓜苗茎的切面端保持一致或稍粗一些。由于，同一苗床内的蔬菜苗大小不会一致，因此应多准备一些粗细不同的竹签，更换使用。因为竹签过粗容易插劈嫁接砧木，或插孔会偏大，不利于砧木和接穗黏合，接穗也容易脱落，造成嫁接失败；竹签过细，插孔太小，接穗插不进去，同样造成嫁接的失败。因此合适的竹签也是插接法嫁接成活的关键。

(16) 西瓜嫁接时天气的选择。

西瓜嫁接时最好选择在晴朗的天气下进行，因为晴天温室内光照好，低温季节有利于提高温室内的温度。如果是阴雨天气，首先是温度不好控制，还可造成苗期病害的发生。

嫁接苗在适宜的温度条件下，嫁接后24小时为砧木和接穗切面组织的机械结合期，之后是2～3天的愈合期。因此愈合期对于嫁接苗成活率的高低起着决定性作用，此阶段必须保证嫁接苗所需的适宜温度，才能形成高质量的愈合组织，促进嫁接苗的成活。

根据调查资料，在嫁接技术和管理技术均相同的情况下，晴天嫁接瓜苗的成活率平均在80%以上，而选择阴天嫁接的瓜苗成活率一般在70%左右，并且嫁接后的瓜苗还容易发生苗期病害染病，达不到壮苗的标准。

(17) 西瓜嫁接过程中保证手和嫁接工具清洁。

在西瓜嫁接过程中如果手和嫁接工具不干净，表面有泥土或油污，就会直接污染到砧木和接穗的切面，影响砧木接穗的贴合，降低嫁接瓜苗的成活率或造成瓜苗病害的发生。因为砧木和接穗切面的紧密程度对于嫁接瓜苗的成活率影响很大，此外如果嫁接过程中手及嫁接工具不洁净泥土很多，就会将病菌传到切面上，导致嫁接苗发病腐烂。因在嫁接过程中必须做到以下几点：

①要保持嫁接过程中手始终保持洁净，可以准备一盆清水随时清洗手上的泥土。

②嫁接前如果手上沾有油腻、烟垢用肥皂清洗后再嫁接，嫁接过程中不可以吸烟和吃油腻食品。

③采用插接和贴接法削切接穗可在育苗盘中直接进行削切，就沾不到泥土；靠接法需要起苗，如果嫁接苗茎叶表面泥土比较多，要先喷水冲洗，水干后再起苗。

④起苗过程要从始至终保持手、起苗用具和盛苗容器洁净。

⑤为保证嫁接苗不受污染和病菌侵害，嫁接前后都要进行药剂消毒，可用75%百菌清可湿性粉剂600倍液或高锰酸钾1 000倍液进行砧木和接穗的叶面喷施。嫁接后加盖小棚的薄膜也要先用多菌灵或百菌清药液浸泡后，再盖好。

(18) 嫁接苗在管理上应采取的措施。

西瓜苗嫁接后，必须在苗床内保湿、保温，苗床需垫必要的酿热物或安置电热线，嫁接一批放置一批，苗床地表面事先喷上一点儿水，放好后可以浇水或嫁接前把砧木苗浇透。嫁接的成活率虽然与砧木的种类、嫁接技术的熟练程度有关，但更为重要的是嫁接后的管理。管理不当，即使嫁接技术再好，成活率也会很低。主要重点管理以下几个方面：

①温度管理。嫁接苗伤口愈合的适宜温度是22～25℃，有加温设备的（地热线）苗床的温度容易控制。刚刚嫁接的苗白天保持25～26℃，夜间22～24℃。当一周左右，伤口已愈合，逐渐增加通风时间和次数，适当降低温度，白天保持22～24℃，夜间18～20℃。定植前一周应让瓜苗逐步得到锻炼，晴天白天可全部打开覆盖物，接受自然气温，但夜间仍要覆盖保温。

②湿度管理。嫁接苗在愈合以前，接穗的供水全靠砧木与接穗间细胞的渗透，其量甚微，如苗床空气相对湿度低，蒸发量大，接穗失水萎蔫，会严重影响成活率。苗床空气相对湿度应保持在95%以上，在嫁接前或嫁接后把砧木浇一次透水，然后盖好膜，2～3天内不通风，苗床内薄膜附着水珠是湿度合适的标志。3～4天后根据天气情况适当通风，适当降低湿度。苗床温度高、湿度大是发病的有利条件，为避免发病，床内须进行消毒，带病的砧木或接穗应彻底清除。只要接穗不萎蔫，不要浇水。

③光照管理。嫁接后进行遮光，遮光是调节床内温度、减少蒸发、防止瓜苗萎蔫的重要措施。方法是在拱棚膜上加盖竹帘、

遮阳网、草苫或黑色薄膜等物。嫁接 3 天内，晴天可全日遮光，3 天后，早晚逐渐见散射光，逐步见光时间加长，直至完全见光。遮光时间的长短也可根据接穗是否萎蔫而定，嫁接一星期内接穗萎蔫即应遮光，一星期后轻度萎蔫亦可仅在中午强光下遮光 1～2 小时，使瓜苗逐渐接受自然光照。若遇阴雨天，光照弱，可不加盖遮光物。

④通风换气。嫁接后 2～3 天苗床保温、保湿，不必进行通风。3 天后可在苗床两侧上部少加通风，通风时间为早晨和傍晚半个小时，降低温度、湿度。以后每天增加 0.5～1 小时。到第六至七天只中午太阳光照强、接穗子叶有些萎蔫时，再短暂遮阴。如没有萎蔫现象就可把遮阴物全部撤掉。第八天后，接穗长出真叶，可进行苗期正常管理。

⑤劈接法去掉夹子和捆扎物。在嫁接后 10 天左右，砧木与接穗已基本愈合，这时应将绑扎在接口处的线解除或将嫁接夹去掉。注意线解得过早或小夹子去得过早，伤口尚未完全愈合好，接穗容易从砧木上脱离；线或小夹子解得过晚，线或小夹子就会勒入胚轴，影响瓜苗生长。解线或去夹应在晴天进行，切记在低温寒潮天气下解线、去夹，以防受冻，接穗掉落。

⑥定植前及时断根。对于靠接的西瓜，在定植前 5 天左右，要把西瓜的根提前断掉。方法：从接口下 0.5～1.0 厘米处将接穗的下胚轴剪断，然后在切断的地方，再把下部不连接地的那部分再切掉，防止上部接穗与下部再次愈合。在断根前，可先试 1～2 棵，观察 2 天。如不发生萎蔫，就可把全部的嫁接苗实行断根。如断根后，遇晴天高温，可适当进行喷水和遮阴。

⑦抹除砧木腋芽。砧木子叶间长出的腋芽要及时抹除，以免影响接穗生长，但不可伤害砧木的子叶。即使是亲和力最好的嫁接苗，若砧木子叶受损，前期生长受阻，进而影响后期开花坐果，严重时会形成僵苗。因此在取苗、嫁接、放入苗床、定植等操作过程中均应小心保护瓜苗子叶。

(19)西瓜嫁接前后进行防病管理。

①加强防病管理。嫁接苗最容易发生的病害主要有猝倒病、立枯病和疫病等。防治方法是在种子出苗后及时喷洒普力克400～600倍液或高锰酸钾1 000倍液，预防猝倒病的发生。嫁接前一天，砧木和接穗用75%百菌清可湿性粉剂600倍液进行均匀喷雾，预防疫病的发生。

②培育健壮砧木和接穗苗。一定要注意嫁接苗的间距，保持苗床通风透光要好，如果通风透光不良，容易形成高脚苗，也容易发病，因此应适当加大嫁接苗的间距。砧木一般播在营养钵中，注意营养钵之间有一定的距离即可，而接穗一般播在平底穴盘中或直接播在育苗床上。因此，播种密度不要过小，幼苗的间距最好在2～3厘米。

③嫁接操作过程中防止病菌感染。首先要使用无病苗进行嫁接；其次嫁接工具要经常进行消毒，特别是在切苗时，必须要对嫁接用具进行消毒处理；还有嫁接前和嫁接过程中，对嫁接场所也要进行消毒处理。

④加强嫁接苗成活期间的防病管理。做好防病是保证嫁接苗成活率的关键，不要等到发现病害再去防治。嫁接后要严格控制好苗床的环境，避免苗床长时间处于高湿、弱光、不通风的环境；嫁接后第四天，注意通风降低湿度，减少苗期病害的发生。同时为了预防苗期病害的发生，可以在第四天通风时，对嫁接苗进行药剂喷洒，使用药剂为75%百菌清600倍液，或72%农用链霉素3 000～4 000倍液，或喷洒高锰酸钾1 000倍液，5～7天后再喷洒1次，预防效果好。

(20)西瓜嫁接苗出现萎蔫的原因及防治方法。

①出现萎蔫原因。

A. 嫁接的接口不紧。嫁接时砧木与接穗的切口接触不紧密，因此，切口处没能很好地愈合，幼苗接口以上部分水分和养分供应量减少，导致萎蔫；再有，插接时，把砧木的茎插劈所致，造成砧木与接穗愈合不好，是导致萎蔫的原因之一；靠接或贴接，在接后用嫁接夹时，接穗与砧木的愈合面搓开，导致接触面小，也是出现萎蔫的另一种原因。

B. 湿度不足。嫁接后苗床土壤干燥，空气湿度低，嫁接苗大量失水，伤口愈合不良，导致萎蔫，严重时还可造成死亡。

C. 遮阴条件不好。嫁接后应注意遮阴，如果太阳直射或光照过强，必然会导致水分蒸发量大，嫁接苗萎蔫。

D. 温度过高。嫁接后，特别是在愈合期，砧木与接穗的导管还没有愈合，砧木根系所吸收的水分尚未运输到接穗子叶，这时，维持接穗子叶不萎蔫的水分是来自接穗子叶本身的水分。如这时期温度过高，造成接穗子叶水分蒸发量过大，势必造成嫁接苗的萎蔫。

②防治方法。

A. 确定适宜的播种期。要保证砧木和接穗的播种期在嫁接时都处于嫁接的最适时期。靠接法要注意砧木和接穗的苗茎粗细要基本相同，而且接穗苗茎要比砧木长1～2厘米使两个瓜苗的高度要协调一致。插接法和贴接法要注意砧木一定不要过大，容易形成空腔，导致嫁接苗萎蔫。

B. 切口的深度要适宜。切口的深度要合理，靠接法一般苗茎切口的深度不小于茎粗的2/3，但也不宜过深，容易折断，影响嫁接苗成活率。

C. 保证适宜的温度、湿度和光照。嫁接后几天内保持高湿的环境，同时，注意温度管理，最高不要超过28℃。温湿度是嫁接苗成活的关键。尤其是插接法和贴接法嫁接后3天内要求湿度最低也要达到90%以上，温度保持在22～28℃，否则无法成活。嫁接后的遮阴措施也是成活的关键，必须严格按照嫁接的光照要求，才能获得嫁接苗较高的成活率。

（21）西瓜夏季育嫁接苗应注意的问题。

西瓜夏季育嫁接苗，由于受高温、强光、暴雨、病虫害高发等众多不利因素的影响，培育壮苗极为不易，而秋大棚、日光温室秋茬西瓜，在夏季6月底至7月中旬育苗。那么，克服夏季不利因素，培育出高质量的瓜苗必须掌握以下技术：

①苗床准备。夏季育苗床应选择地势平坦高燥，排水良好，背阴通风的田块，最好在温室外单设育苗棚。上覆银白色或绿色遮阳网，既可减轻强光高温危害，又能避蚜，减少病毒传播。同时，要备好塑料薄膜，以便在暴雨到来前及时覆盖，以防雨水击打种或苗。

②营养土的配制。按照西瓜育苗要求，配置好营养土，然后，在每1 000千克营养土中掺入50%甲基托布津或多菌灵80克、2.5%敌百虫60克，以杀灭病虫源。最后，将配制好的营养土填装入营养钵或育苗盘中。

③种子处理。夏季育苗易发病，必须做好种子消毒工作。种子消毒可用10%磷酸氢二钠溶液于常温下浸种20分钟或用1%高锰酸钾溶液浸种15分钟，捞出后用清水冲洗干净，然后进行催芽。

④确定播种时间。夏季育苗，要选好播种时间，以免幼苗出苗即遇高温、暴晒。

⑤精细播种。播种前一天下午或当日上午灌足底墒水，按照西瓜嫁接育苗要求操作。

⑥注意遮阴和防雨。晴朗天气注意遮阴，在暴雨到来之前，及时盖好塑料薄膜，要盖严压实，并利用苗床周围排水沟及时排水，严防苗床积水，暴雨过后及时揭除。

⑦控制水量，防止徒长。夏季温度高，若水太多，幼苗极易徒长，所以应控制浇水。掌握不旱不浇，旱时喷洒轻浇，保持苗床见湿。

⑧及时喷药，防治蚜虫。夏季蚜虫为害严重，如不及时防治，还易引发病毒病，所以应给予足够重视。对于蚜虫的防治，主要靠覆好纱网避蚜。若有蚜虫发生，可用吡虫啉、灭扫利乳

油、功夫乳油、天王星乳油等药剂防治。喷洒时，应注意使喷嘴对准叶背，将药尽可能喷射到蚜体上。

⑨注意及时防病。在夏季，苗期最易发的病害是猝倒病、立枯病和病毒病，要及时防治。对于猝倒病、立枯病，可用普力克、恶霉灵等药剂防治。对于病毒病，除防治蚜虫外，可用病毒A、植病灵等药剂防治。

⑩及时进行倒苗。在定植前10～15天倒育苗钵一次，适当加大钵间距离，促苗墩壮。

(22) 无土育苗的概述及其优点。

无土育苗又称营养液育苗，它是指用配制的无机营养液在特定的容器内培养西瓜幼苗的育苗形式。可采用理化性质良好的固体材料作为育苗的基质，也可直接采用营养液水培的方法。一般的单位和个人通常可采用基质育苗。基质育苗方法是利用沙砾、炉渣、蛭石、珍珠岩、炭化稻壳、泥炭、锯木屑、蘑菇渣、椰糠等无机或有机材料作为育苗基质的育苗法。利用基质育苗，可使秧苗固定，某些基质还含有一些矿质营养（如沙砾含有铁、锰、硼、锌等微量元素，炭化稻壳含有磷、钾、镁等营养元素)，对秧苗生长有利。另外，基质有一定的保水性，基质经清洗、消毒后还可以反复使用。基质育苗的方法简单，基本和床土育苗相似，不同之处就在于需要经常给秧苗提供营养液。目前，基质育苗方法主要采用穴盘育苗。无土育苗的优点：育苗基质通气性好，养分、水分供应充足，幼苗生长速度比用床土育苗快，根系发达，有利于缩短苗龄；选好育苗基质和营养液的配方，加以温度、光照等环境条件的人工控制及调节，比较容易实现蔬菜育苗的科学化、标准化管理；西瓜秧苗根部无土便于远距离运输、节省劳力，而且定植后缓苗时间短，易成活，根系几乎无损伤，秧苗的成活率高，能连续、成批培育西瓜商品苗。同时，无土育苗还可避免土壤育苗带来的土传病害和线虫害；节约育苗场地。

（23）西瓜断根嫁接方法的好处。

①断根嫁接法新诱导的根系无主根，须根多。观察表明，断根嫁接的西瓜嫁接苗根系须根是传统嫁接根的10倍以上，去掉了主根，削弱根系的顶端优势，增强了须根的活力。

②由于断根嫁接苗的根系活力强，因此在生产上表现出定植后缓苗快，幼苗的耐低温性能与前期的生长势明显表现较强，因此，断根嫁接法可克服葫芦砧木在低温下比黑籽南瓜前期发苗慢的缺点。

③由于断根嫁接苗根系强大，其吸肥水的能力与抗旱性明显强于传统嫁接苗，后期抗早衰，不易出现急性生理性凋萎，坐果数比传统嫁接苗多，单瓜重也较大。

（24）西瓜断根嫁接的发展历史及操作方法。

西瓜嫁接苗多采用顶插法嫁接，这一方法用于工厂化生产有诸多弊端，我国2001年起引进推广一种新的嫁接技术，即断根嫁接法，改传统嫁接利用砧木原根系的方法，为去掉砧木原根系，在嫁接愈合的同时，诱导砧木产生新根。断根嫁接办法在示范与推广中已证实有许多明显的优点，采用断根嫁接法所生产的种苗粗壮，生长整齐一致，而且定植后根系发达。西瓜断根嫁接穴盘育苗技术已在全国工厂化育苗生产中大面积推广应用，特别是育苗集团正在应用嫁接机器进行西瓜断根嫁接育苗生产。

（25）西瓜断根嫁接的操作方法。

①浸种和催芽。

A. 砧木。砧木种子先晒2～3天，播前用55～60℃的温水浸种消毒，浸种时要不断搅拌直至水温降到30℃，自然冷却后用2%漂白粉水溶液浸种15分钟，清洗干净后再用清水浸泡16小时以上，然后清洗2～3遍后放入28～30℃恒温箱内进行催芽。一般情况下，砧木经过36～48小时的催芽时间就萌发了，准备播种。

B. 接穗。播前用55～60℃温水浸种消毒，方法同砧木。水温自然冷却后要清洗2～3次，浸泡6～8小时后再清洗3～4遍后，放入28～30℃恒温箱内进行催芽。一般情况下，24～32小时西瓜种芽基本上萌发，可以进行播种。

②播种。

A. 砧木及接穗错开播种。西瓜断根嫁接砧木选择以葫芦、瓠瓜作为砧木。断根嫁接砧木播种时间与接穗播种时间要有5～7天的间隔期，即砧木比接穗提早播种5～7天。

B. 砧木播种。用50孔的穴盘，播种方法：装上配好的营养土（营养土为草炭、蛭石、珍珠岩，体积比为3∶1∶1），每穴播一粒发芽的砧木种子，上面覆盖蛭石，浇透水，盖上小拱棚，保持湿度、温度；也可采用直接播种在育苗畦内的方法，要求行距5厘米，株距1.5～2.0厘米，种子方向一致，播种220～230粒/米^2。再用消过毒、过筛没有种过西瓜的田园土覆盖在种子表面上，厚度为1.5厘米左右。

C. 西瓜播种。可以播种在方盘中，播种前在方盘中铺3～5厘米厚的基质（营养土为草炭、蛭石、珍珠岩，体积比为3∶1∶1），用水浸透基质，进行播种。播种密度：西瓜种子之间只要不互相挤压就可以。播种后，在种子上面撒上1厘米厚的蛭石，然后盖上小拱棚，保湿、保温促进西瓜出苗；也可以采用地苗方法，播种前整好畦，土壤疏松，浸好地，把西瓜种子撒在畦内，上覆盖过筛没有种过西瓜的田园土覆盖在种子表面上，厚度为1厘米左右。

③嫁接前管理。

A. 砧木。出苗前土壤表面不宜干燥，待苗子出齐后要适时控水，总原则为早上浇水，傍晚时见干。温度管理：播种到出苗，白天保持在28～30℃，夜间保持在18～20℃，促进出苗。当出苗后，保持土壤表面见干见湿，降低温度，白天保持在25℃左右，夜间15℃左右，防止高脚苗的出现。

嫁接前要做好病虫害防治，一般情况下，子叶平展期喷1次

75%百菌清 800 倍液，嫁接前一天喷 70%甲基托布津 800 倍液和 72%农用链霉素 4 000 倍液。

B. 西瓜。在出苗前保持土壤表面湿润，当出苗后，降低土壤表面湿度，见干见湿，防止猝倒病的发生。出苗前夜温在15～18℃，白天 28～30℃，出苗后，降低温度，白天保持在 25℃左右，夜间 15℃左右，防止高脚苗的出现。嫁接前喷 1 次 70%甲基托布津 1 000 倍液。

④嫁接。

A. 嫁接适期。砧木第一片真叶大小同五分钱硬币；西瓜子叶平展。

B. 准备工作。砧木在嫁接前一天抹芽，嫁接前 0.5～1.0 小时浇透水。西瓜苗嫁接时要喷水。扦插前，苗床应做好消毒工作，并提前 1 小时预热。固定一个工人割取砧木和西瓜苗。

C. 嫁接方法。砧木从子叶下 5 厘米处平切断，西瓜苗可靠底部随意割下。嫁接时用专用嫁接签从砧木上部垂直子叶方向斜向下插入并取出嫁接签，深度为 0.5～0.7 厘米以不露表皮为宜。西瓜苗在子叶下顺着茎秆方向平切一刀，刀口长度为 0.5～0.7 厘米。刀口面朝向嫁接签斜面方向（即朝下），迅速插入砧木。

D. 扦插。选用草炭、蛭石、珍珠岩，体积比为 3∶1∶1 的育苗基质装入 72 孔育苗穴盘，浇透底水后，把断根嫁接好的苗，扦插在穴盘中，扦插深度 3 厘米左右。扦插后立即放入事先准备好的育苗床内。

E. 嫁接要点。嫁接前一天确定嫁接人员、扦插人员、割苗及后勤人员，如有大量集中嫁接育苗，应安排操作质量检查人员，以保证当日嫁接质量和数量；做好嫁接前准备工作，包括嫁接工具、毛巾、嫁接盘、消毒液以及嫁接标签。

⑤成活期管理。

A. 温度。嫁接后 3 天温度要求较高，白天 26～28℃，晚上 22～24℃，温度高于 32℃时要通风降温，以后几天根据伤口愈合情况把温度适当降低2～3℃。8～10天后进入苗期正常管理。

B. 湿度。嫁接后前两天湿度要求95%以上，湿度达不到要求时，可补充喷雾增湿，注意叶面不可积水。4天后早晚各进行半小时通风，降低湿度。以后每天增加放风时间，湿度逐渐降低到85%左右。7天后根据愈合情况，开始进行正常苗期温度、湿度的管理工作。

C. 光照。嫁接后前3天要遮阳，以后几天早晚见自然光，在管理中视情况逐渐加长见光时间，8～10天可完全去除遮阳网。

D. 通风。一般情况下嫁接后前3天要密闭不通风，只有温度高于32℃时方可通风，嫁接后第四天开始通风，先是早晚少量通风，以后逐渐加大通风量和加长通风时间，如通风过程中出现萎蔫苗，可及时补充水分，同时盖膜进行遮阴。8～10天后进入苗期正常管理。

（26）西瓜嫁接苗定植的要求。

定植嫁接西瓜苗，切记注意不要栽苗过深，采用靠接法的嫁接夹子不能接触地面，以防止接口之上的接穗茎部接触土壤而使不定根染病，失去嫁接苗防病的重要意义。在实际的生产中，常会出现西瓜经过嫁接但是还出现大面积的枯萎病等土传病害，这就是农民在定植过程中没有按技术要求去做，因此费了无用功，造成了产量损失，减少了经济效益。因此，嫁接瓜苗定植是一项非常关键的技术措施。

6. 早春大棚西瓜栽培有哪些技术措施？

（1）确定育苗期。

①苗龄原则。以定植期为标准，自根苗从定植期向前推30天为播种育苗期；嫁接苗，向前推50～55天为播种育苗期。

②播种育苗对环境条件的要求。当育苗设施内土壤15～25厘米深度的最低温度连续7天稳定通过15℃，并且，育苗设施

内的最低温度同样连续7天稳定通过15℃时，才能播种西瓜。作为大棚栽培的西瓜，育苗的设施要在日光温室内，必要时要进行加温或铺设地热线；作为温室栽培的西瓜，要在有加温设备的温室内育苗；作为中棚、小拱棚栽培的西瓜，要在日光温室或大棚内有覆盖物条件下育苗；露地地膜栽培的西瓜，育苗场所比较简单，在大棚内育苗即可。

③育苗前的准备。育苗设施的准备：日光温室在播种前提前1个月扣好棚膜，提高地温。提前7～10天整地作畦，铺设地热线。如果北方地区东北、华北的北部、北京等地，在1月份嫁接育苗，温室内要有加温设备。

作为工厂化育苗，准备好育苗床、营养土、穴盘、移动式灌溉设备、营养液等。

A. 浸种催芽。用55℃温水浸种，搅拌15分钟后，浸泡6～8小时，放在温度28～30℃的恒温箱内催芽。每天用清水投洗1～2遍，用来包种子的纱布或毛巾水分不可过大，保持潮湿即可。如湿度过大，种子吸水过多，易烂种。影响发芽的因素是温、水、气，所以在催芽期间调节好温、水、气3个条件。气是在催芽过程中利用换水补充氧气，促进出芽快、齐。一般情况下，在30℃温度下，24小时75%发芽，48小时发芽率即可达90%以上。

B. 播种。播种前，做好苗床，把配好的营养土装入8厘米的营养钵或营养纸袋内，平放并排列紧密，以便浇水一致，保温、保水，防止纸钵破碎。放好后，要充分浇足水分，保证出苗期对水分的需求，待水下渗后播种，1钵1粒发芽的种子，胚根向下，种子平放。播种后覆过筛湿润的田园土，覆土厚度要一致，厚约1厘米为宜。过浅，表土易干而且种子易“戴帽”出土，影响子叶展开和幼苗的发育。播种覆土后不用浇水，保持土面疏松。

播种后，在苗床上加盖小拱棚，保持湿度，提高温度促进出苗。利用地热线育苗需在播种后加盖小棚，通上电，地温保持在18～20℃。夜间小棚上面再加盖草帘保持小棚内的温度。

播种后一般4～5天即可出苗。当苗破土后，营养钵内出现裂缝，水分易散失，应及时覆一层过筛的、湿润的细土。并在白天把小棚揭开，以免引起高温烧苗。

壮苗的标准。苗龄适宜，子叶完整，下胚轴粗短，子叶平展、肥厚，节间短，叶色浓绿，根舒展，白嫩；解剖上组织排列紧密，保护组织发达；在生理上组织的含水量较低，细胞液浓度和含糖量较高，具有以上特点的幼苗耐寒、适应性强，具有较高的生理活性，定植后缓苗迅速。

子叶是西瓜幼苗早期主要的营养和能量的来源，它贮藏有大量的营养物质，为种子发芽和幼苗生长提供能量物质。子叶出土后是同化作用的主要器官，虽面积不大，但光合效能较成长植株叶片强，为幼苗根系生长和叶、花原基分化提供营养，对幼苗生长起决定作用，因此保证子叶正常生长，维持其较长时间，对培养壮苗具有重要意义。

(2) 大棚西瓜砧木及西瓜品种选择的原则。

①西瓜品种选择。要选用早熟、高产、优质、抗病虫、适应性广、商品性好、耐低温、耐弱光、坐果能力强、适宜保护地栽培的品种。

A. 亲和性。不同的西瓜品种与同一砧木嫁接表现亲和性不同，所以要选择适合嫁接的西瓜接穗，京欣1号亲和力最强。

B. 果实性状。用来嫁接的西瓜接穗，嫁接后是否对品质有影响，主要看皮厚、中空、纤维增加可食率是否下降等因素，利用同一砧木（日本相生）、不同品种西瓜嫁接后不同效果。京欣1号无论从皮厚质地、纤维以及果肉有无空洞等指标，都达到了最优的标准。而郑州3号嫁接后出现空洞，纤维增多，不是最好的嫁接品种。所以在嫁接栽培时，避免选择肉质松、沙肉、纤维较多的品种作为嫁接品种。应选像京欣1号这种类型的脆肉、肉质紧密、纤维少、皮较薄等品种作为嫁接品种。

C. 产量。选择增产效果明显、嫁接后易坐果的西瓜为接穗，且产量较高。接穗产量以京欣1号最高，黑蜜2号、郑州3号因嫁接后生长势更强，造成不易坐果，产量无明显增加。

②西瓜砧木品种选择。选择抗病性强、耐低温能力强、生长势强、抗早衰、抗急性凋萎病、对西瓜品质无影响的葫芦类型作砧木，或白籽南瓜等。原则：砧木应具备抗瓜类枯萎病及其他病害，与接穗西瓜亲和力强，嫁接成活率高，嫁接苗能顺利生长和正常结果，且对果实品质无不良影响，嫁接时操作便利等性状。选择砧木考虑以下几方面。

A. 抗病性。

a. 西瓜嫁接目的主要是防止枯萎病。选择不感染西瓜专化型枯萎病的砧木，在1997年对蔬菜中心育种材料的砧木进行筛选，并育出了2个综合性状优良的砧木品种——强刚1号、强刚2号。

b. 抗急性凋萎病。急性凋萎病是一种生理性病害，发生条件为在结果中后期，突然降雨，暴雨后晴天，高温，根系呼吸受阻，滞息导致根系死亡，失去吸收水分的能力，致使地上部在1～2天内全部萎蔫而死亡，急性凋萎病造成全部绝收。如1995年河北三河县的3 000亩大棚，因急性凋萎病绝收。所以作为西瓜砧木一定要考虑抗急性凋萎病。

B. 亲和性。有资料表明，西瓜与葫芦科其他种类的亲缘远近程度依次为葫芦、南瓜、甜瓜、黄瓜。

亲和力包括嫁接亲和力和共生亲和力。嫁接亲和力是指砧木和接穗愈合的能力；共生亲和力是指嫁接成活后接穗与砧木共生的能力，包括植株的生长、开花、结果及果实发育状况。共生亲和力强的嫁接苗生长发育正常，并且比不嫁接的自根苗生长茂盛，如果共生亲和力弱，即使嫁接成活好，但后期生长受阻，表现为发育缓慢，并出现瓜苗发黄、坐果不良等现象。嫁接亲和力与共生亲和力有一定的关系，但二者并非完全一致。如有的砧木种类与西瓜嫁接成活率高，但植株进入伸蔓期或坐果期以后表现生长受阻，坐果不良或果实不能正常发育成长。而共生亲和力强的种类和品种，嫁接成活率一般是高的。葫芦类嫁接亲和力要强于南瓜类；劈接成活率大于插接成活率。

C. 果实品质。关于不同砧木种类与西瓜果实品质关系，一般认为葫芦砧不影响果实的甜度、质地和色泽、风味，而南瓜砧果实的品质较差，主要表现在肉质变软、风味变差，中空、纤维增加。

(3) 西瓜优良砧木品种。

①强刚 1 号。抗病性强，克服了中国瓠瓜、葫芦等嫁接后亲和力不强，又克服了日本、韩国等国家西瓜砧木嫁接后易得急性凋萎病的缺点。耐寒性较强，土壤温度在 12℃以上就可播种，子叶、茎比较粗壮，出苗后温度不易过高，以免形成高脚苗，是插接的良好砧木。

②强刚 2 号。具有 1 号的良好特性，种粒比较小，种子色泽深褐色，发芽率高，出苗快、整齐，最大的优点不易形成高脚苗，是插接、劈接、靠接的良好砧木。

③超抗王。针对目前西瓜出现严重的果腐病，其中原因之一是嫁接西瓜生长到后期，根部老化，吸收水肥能力下降，造成西瓜果实得不到水分、养分的供应，再加之后期温度过高，水分蒸发量过大，失水而出现果肉突然变红，失去食用价值。针对这一难题，育出了既抗早衰，又防止西瓜果腐病的西瓜专用型砧木——超抗王。本品种特征特性：是葫芦类型的杂交一代，抗早衰，生长势强，嫁接亲和力好，共生亲和力强，成活率高。种子黄褐色，表面有缺刻，种子籽较大，千粒重 160 克左右。种皮硬，发芽整齐，发芽势好，出苗壮，下胚轴较短粗且硬，实秆不易空心，不易徒长，适合插接、靠接等嫁接方法。适宜早春保护地及露地栽培，也适宜夏秋高温季节栽培。

④京欣砧1号。嫁接亲和力好，共生亲和力强，成活率高。种子黄褐色，表面有裂刻，较其他砧木种子籽粒明显偏大，千粒重150克左右。种皮硬，发芽整齐，发芽势好，出苗壮，下胚轴较短粗且硬，实秆不易空心，不易徒长，便于嫁接。适宜华北、东北及华中地区。适宜早春栽培，也适宜夏秋高温栽培。

⑤京欣砧2号。白籽南瓜，用于西瓜专用型嫁接砧木。生长势强，耐寒能力强，根系发达。亲和力强，不早衰，产量高等。

⑥丰抗王3号（野生西瓜型）。用原生于非洲的野生西瓜杂交而成，与西瓜嫁接亲和力强，成活率最高。嫁接的西瓜苗高抗各种土传病害，根系发达，吸收水肥能力强，生长势强，耐热性好，不早衰，产量高，品质好，嫁接后的西瓜没有异味和空心现象，在南方表现尤为突出，更适合连续使用其他砧木而导致抗病性下降的瓜田使用。

⑦丰抗2号（南瓜型）。系印度南瓜和中国南瓜的远缘杂交一代种，与西瓜、甜瓜嫁接亲和力强，成活率高。嫁接的西瓜苗高抗各种土传病害，根系发达，吸收水肥能力强，生长势强，耐寒性强，在早春低温季节较其他砧木嫁接的苗或者自根苗生长速度明显加快。生长后期不早衰，产量高，品质好，没有异味和皮厚、空心现象，是克服种植西瓜、甜瓜连作障碍的保证，早春低温季节嫁接最能发挥其优势。

⑧丰抗4号（光籽葫芦型）。用光籽葫芦与日本甜葫芦杂交而成，发芽快，苗健壮，下胚轴不空心，容易嫁接，靠接、插接均宜，与西瓜嫁接亲和力强，成活率高。嫁接的西瓜苗高抗各种土传病害，根系发达，吸收水肥能力强，产量高，品质好，嫁接后的西瓜没有异味和皮厚、空心现象，是克服种植西瓜、甜瓜连作障碍的保证。

（4）确定定植期。

原则：当大棚内土壤15～25厘米深度的最低温度连续7天稳定通过15℃，并且，大棚内的最低温度同样连续7天稳定通过15℃时，才能定植西瓜。不论大棚还是温室、中棚、小拱棚、露地地膜，土壤的温度、外界的气温都必须连续7天稳定通过15℃以上，方可定植。这就是西瓜定植的时间，即定植期。

作为大棚栽培西瓜，在华北地区定植期一般在3月中旬左右，东北地区3月下旬，南方江浙、重庆长江流域地区一般在3月初左右定植。近几年来由于保护措施的加强，在大棚内套小棚，二层幕、小棚上加盖草帘，大棚外再从地面1米高度加一圈草帘，有的还采取大棚内通热风管道来提高大棚内的温度，使之提早定植。在这种条件下，大棚栽培的西瓜在华北地区、山东地区可以提早到2月中旬定植。

(5) 定植前需做的准备。

①提前扣膜。大棚的棚膜要在定植前的一个月或20天前扣好，目的是为了提高棚内的气温、地温。

②保护地嫁接西瓜定植前首先要进行清洁田园，及时拔秧，并清理干净残根败叶和杂草。减少病原菌和虫卵，减轻病虫害的发生。定植前10天左右进行浇水造墒，灌水后密闭棚室提高温度，在温度回升后加强散湿，地面见干后施底肥。

③整地作畦。根据早熟西瓜大棚栽培的密度试验结果，每平方米1株左右，最佳株行距为60厘米×155厘米，按照行距为150～155厘米的距离开沟深度为30厘米，沟底宽30厘米，沟上部宽为45～50厘米进行施底肥。底肥以农家肥为主，如鸡粪，猪厩肥等。鸡粪每亩地3 000～4 000千克，厩肥为5 000～6 000千克。每亩施磷肥50千克，磷酸二铵10千克。全部施到挖好的沟内，混匀后，再上一层土，灌底水，底水要充足，进行起垄。畦的高度为10～15厘米，宽度为45～50厘米，畦面要求平整，高矮一致。整好后，盖好地膜。地膜覆盖的原则：覆盖要平整，紧实，两侧要埋紧。覆盖地膜的好处很多，既可以增加地温，又可以防止草害的发生影响小西瓜正常生长，减少了农民除草的劳动量次数，减轻了农民的劳动强度。主要目的是：a. 能够保持

地面干燥，确保嫁接的效果；b. 避免嫁接苗接触地面，也能够避免产生不定根；c. 避免浇水污染茎蔓，减少发病；d. 地膜覆盖后杂草少，可避免嫁接苗折断和劈裂。另外，为了不透空气或少透空气，避免杂草丛生，减少水分散失，起到保水、保温、提高地温的作用。

另一种是日光温室种植早熟西瓜的作畦方法。采用高畦、瓦垄栽培法，也就是膜下暗灌法。便于以后浇水在膜下进行。膜下暗灌是目前在蔬菜生产中推广的一项简便易行的农艺节水栽培技术，它的优点是：在日光温室、大棚使用可以起到提高地温、促根壮秧的作用，还可以降低室内湿度，减少病害的发生，减少打药次数，是一项栽培防病技术。膜下暗灌减少了灌水数量，节水效果明显，降低了生产成本。

作畦标准是作成 80 厘米宽的小高畦，畦高 15～20 厘米，垄距 70 厘米。采用高畦、高垄栽培法种植早熟西瓜的目的是：a. 充分利用高畦、高垄土壤质地疏松，透气性好，有利于砧木根系生长，发挥嫁接优势；b. 利用高畦、高垄可以避免浇水时淹没嫁接的接口部位，造成污染，影响嫁接的效果；c. 利用高畦、高垄有利于地膜覆盖；d. 利用高畦、高垄有利于通风透光，促进西瓜的生长。

(6) 定植时间的选择。

选在寒流刚过，晴天无风的天气定植，决不可以为了赶时间而选在寒流的天气定植，更不可以选择阴雪天气定植。因为在晴天可以保证西瓜定植后所需的温度，缓苗快。春大棚嫁接西瓜密度每亩在 650～700 株为宜，株距在 60 厘米左右，行距为 150 厘米左右。

(7) 定植方法。

定植方法：水稳苗。即在整好的畦面上一般靠近一侧，距畦边 10～15 厘米处按株距 60 厘米用开穴器进行开穴。开好穴后，边往穴内灌水边把苗从营养钵内取出立即稳到穴内，这时穴内的水还没有渗下去，水稳苗的好处在于，没有缓苗期，定植后马上就可以进入生长。另一方面，可以保持土壤的疏松，使之通透性好，根系吸收氧气充足，土壤水分不易散失。根系向下生长，使根系向深层发展，易吸收土壤养分，使植株生长健壮。避免先定植后灌水的定植方法，其害处在于，水分不易向下渗透，被表面的土壤所吸收，造成根系不易下扎，土表结一层硬壳，通透性差，根系不易吸收氧气，植株生长不良。两种定植方法的比较试验得出，结果后浇水的苗生长缓慢，根系大部分在地表，吸收不到底肥，影响到后期结果推迟，产量下降。

水稳苗后，待水完全渗下后，用湿润的细土穴四周埋好，防止水分散失。早春大棚内地温、气温上升的比较慢，水稳苗后，4～5 天地温慢慢升高，再浇定植水，有利于西瓜苗缓苗和生长。

(8) 定植后技术管理的措施。

①温度管理。根据不同生育期及天气情况，采用分段管理办法以促进生长和正常结果。定植后 5～7 天，要提高地温，保持在 18℃以上，以促进缓苗，加快幼苗的生长。为此要密闭大棚，大棚内要加盖小棚，晚间小棚上盖草帘，如有条件，大棚内加二层幕。当白天大棚内温度升高至 35℃时进行通风降低温度。小棚白天也要揭开。温度调节范围白天不超过 35℃，夜间不低于 15℃。随外界气温上升逐渐加大通风量，以利于稳健生长。为改善光照，9～15 天时可将棚内小棚揭开，当瓜蔓长 30 厘米时可拆除小拱棚。到盛花和坐果期，对温度和湿度反应较为敏感，温度白天保持在 25～30℃，夜间注意防寒，控制在 15℃以上，防止高温引起徒长，不易坐果，低温造成落花落果。总之，大棚西瓜温度控制前期应注意保暖防寒，坐果期温度不易过高或过低，膨果期加大棚内通风量的同时，提高棚内的温度，降低湿度，使果实尽快膨大，防止病害发生。

京欣类西瓜除了与其他西瓜管理方法相一致外，还有着本身的特点。如京欣 1 号西瓜膨大的速度快，一般从开花到果实定型只需 16 天左右，这时需要的温度较高。一般要求白天保持在 25～35℃，夜间 18℃左右。若温度过低，膨大速度变缓，皮与内部肉的生长速度不一致，皮生长速度变缓，肉的生长速度快，皮限制了肉的生长，就会造成裂果现象出现，也造成瓜小、产量低。

②大棚内光照调节。大棚内光照状况与植株生长、产量和品质有直接关系。棚内光强度随季节、天气而变化，在早春和阴雨天光照强度明显不足。大棚不同部位的光强分布规律是自上而下递减，上部透光率为 61.0%，距地面 150 厘米处透光率为 34.7%，近地面透光率仅为 24.5%；南北向大棚上午光照状况更为恶化。为此，建棚时应尽量减少立柱，选用耐低温防老化无滴棚膜，保持薄膜清洁，适当通风排气，降低棚内湿度，以改善大棚的光照状况。

京欣类西瓜比其他西瓜品种耐弱光性强。在较弱的光照下也能很好地坐果。

③湿度管理。大棚西瓜生育适宜空气相对湿度白天维持在 55%～65%，夜间在维持在 75%～85%，湿度过高是影响正常生长和增加发病的主要环境因素之一。虽然京欣 1 号西瓜耐湿性比其他西瓜品种要强，但过高的湿度也会引起京欣 1 号徒长，生长势较弱，病害易发生。因此，应采取栽培管理措施降低空气湿度。如地表面全部覆盖地膜减少土壤蒸发量，或地表面覆盖一层稻草也能减少地表水分的蒸发，达到降低湿度的目的；前期控制浇水次数和浇水量，如有条件最好利用滴灌方法来灌溉是降低大棚内湿度的最好方法之一；当中晚期，随着植株生长，蔓叶已覆盖整个大棚地表面，温度升高，蒸腾量加大，而且此期间浇水量和次数也增多，棚内湿度增高。在管理上要加大通风量，降低大棚内湿度。

④施肥灌水管理。大棚西瓜属集约化栽培，施肥水平高，采取集中施肥方法。定植到收获追施纯氮量为 15～20 千克/亩，纯

钾量为7.5千克/亩。

作为早熟设施栽培的京欣类西瓜与其他西瓜的水肥管理有较大的不同，基本原则为：前期促、中期稳、后期足。

A. 前期促。京欣类西瓜生长势较弱，生长缓慢，前期不易控水控肥。如水肥不足易导致生长缓慢，叶形小，使苗期形成的花芽无法形成有效坐果，推迟坐果期，成熟期也相应延迟，大棚西瓜就无法体现早熟栽培的优势。所以前期不易控制水肥。

一般情况下，大棚前期气温、地温比较低，水稳苗后，应隔5天左右再灌定植水。定植水过早，造成地温迅速下降。抑制了幼苗根系的生长，缓苗期延长。如再遇到连阴雨天气，就会造成烂根现象，甚至死苗。所以定植水一定要适时适量，选择晴天的中午浇水。

早春大棚内地温、气温上升得比较慢，定植时采用水稳苗后，不要急于浇定植水，待4～5天地温慢慢升高后，再浇定植水，有利于西瓜苗缓苗和生长。进入团棵期，如大小苗不一致，苗较弱情况下，进行对弱苗施提苗肥。施用速效氮肥如尿素，每亩7.5～10.0千克。适当补充一些水分有利于肥量吸收。

在团棵期苗长得整齐一致，水分不缺乏，就不必施肥浇水。因在保护地大棚条件下与露地不同，水分散发减少，保水保肥性能好。在保护地情况下要比露地减少浇水施肥次数。

伸蔓期（结果期）预施。团棵以后植株伸蔓，开始旺盛生长。为促使茎叶生长为结果奠定基础，又不致生长过旺而影响结果，应根据长势巧施伸蔓肥。这个时间施速效氮肥、钾肥。每亩施尿素15千克左右，硫酸钾7.5千克左右。还可以追施豆饼、菜籽饼，每亩25～75千克。施肥方法有两种，一是结合伸蔓水一起追施氮、钾速效化肥；另一种，开沟施肥，距离苗35厘米，即地膜下面开15厘米深的沟，把上述肥料施入，盖好土，然后灌水。

伸蔓期水肥要充足，是满足整个授粉期的需要，这个时期的水肥是不可缺少的。

B. 中期稳。指从授粉到果实膨大前，即开花授粉期，从开花到授粉一般需要 5～7 天，如苗长得不整齐，授粉期延长到 10 天左右。这个时期一般不灌水施肥。如这个时期进行灌水造成生长势过旺，造成落花落果。如果授粉期拉长，植株明显缺水，雌花、雄花都很小，可以适当地补充水分，满足授粉期的需要。京欣 1 号西瓜一般不易徒长，授粉期间缺水可以适量补充水分，不会造成落花落果。80％的植株坐果，就可以浇膨果水。

C. 后期足。指坐果后进入膨果期。当幼果长到鸡蛋大小，开始施膨果肥，浇膨果水。膨果水肥的早晚及用量的大小是关系到春大棚早熟西瓜产量高低的最重要因素之一。宜早不宜迟，如迟产量低、易裂果。作为春大棚早熟西瓜品种一般从开花到果实定型只有 16～18 天。若膨果水肥迟了，就会造成皮紧，限制果实膨大，造成果小、裂果，所以要尽快地使果膨大。膨果水肥一定要大水大肥。每亩施尿素 20 千克，硫酸钾 15 千克。

施膨果水肥后，土壤要保持湿润状态，不要忽干忽湿。一般情况下，从膨果水肥后到收获中间再补充浇 1 次水。在收获前 7 天停止浇水。

⑤植株调整。目前早熟栽培西瓜的栽培方式及整枝方法，与传统的栽培模式有了很大的改变。无论在大棚、中棚、还是露地小拱棚，都利用三蔓整枝留一个果的方法。特别是大棚栽培，采用单行地爬、三蔓整枝、低密度、大果型的大棚栽培方式。

设施早熟栽培西瓜选择的品种本身的特性就是生长势弱，特别是前期不易早打杈。采用三蔓整枝，1 条主蔓，2 条侧蔓。当主蔓或侧蔓上再出现侧枝，生长到 15～20 厘米时再打掉。这是因为地上的生长与地下根系生长是相辅相成，地上每长一条侧蔓，地下就会长出一条侧根。如地上的侧蔓过早摘除，就会抑制地下侧根的形成、生长，形成不了庞大的根群，吸收水肥能力就大大减弱，同时也影响地上部的生长，只有根深才能叶茂。当坐果后，再出现的侧蔓，根据生长势的强弱不同进行整枝。生长势较弱，不需再摘除侧蔓，生长势强，可以继续摘除侧蔓，摘除顶尖即闷尖。

⑥留果。

A. 留果节位。大棚西瓜采用1个主蔓、2个侧蔓的三蔓整枝方法，坐果节位选主蔓第三朵雌花，侧蔓第二朵雌坐果。

B. 人工辅助授粉促进坐果。人工辅助授粉的作用是促进坐果，控制留果节位，对于西瓜产量和果实的商品性有重要的作用。大棚栽培的环境内昆虫少、低温、弱光，在自然条件下很难坐果，要采用人工辅助授粉促进坐果。

人工辅助授粉是在理想坐果节位雌花开放盛期，于开花当天采摘雄花，将花药的柱头轻轻涂抹雌花柱头，授粉的时间应在清晨6～10时进行。不同地区的天气情况不同，温度、光照强度不同，授粉的时间也不一致，但总的原则是在上午进行授粉，因清晨花粉及子房的活力较强，花粉量多，结实率高。田间生长一致的条件下，一般从开花盛期到结束授粉3～5天即可。

阴雨天，于雌花开放前套防雨小帽，同时采摘雄花蕾移至室内，开花后授粉，再套以防雨小帽，2～3天后摘除防雨帽。

植株生长过旺，即使采用人工授粉也难以坐果时，可在坐果节位前一个节位的蔓用手或竹签压扁，防止营养水分向生长点输送，而把果顶化。把营养截流在果实内，促进坐果。

在阴雨天较长、低温、不易坐果的情况下，也可采用激素处理子房或果柄促进坐果。目前用量较多、效果比较明显的是四川生产的高效坐果灵。在处理时，要注意浓度不易过大，沾花或涂抹果柄时，只能用一次，不可重复沾花或涂抹。涂抹的方法，是在开花前的一天进行，用毛笔或棉签沾上配好的液剂，涂抹在果柄上即可。涂抹后4～5小时防止雨淋。

C. 疏果。在三蔓整枝栽培下，往往一株坐2～3个果，特别是京欣类西瓜坐果性很强。每株只留一个果，将坐果节位佳、果实周正、颜色亮丽、生长迅速的果留下来，其余的疏除。疏果要及时，一般结束授粉后，果实长到鸡蛋或鹅蛋大小时及时疏果。如疏果过晚，营养分散，生长势变得更弱，同时果皮很快变硬，果皮色泽也变很深绿，就导致果不能膨大，单果重严重下降，产量降低。必须严格掌握大棚西瓜的疏果时期。

D. 顺瓜、翻瓜、垫瓜。当果实坐稳后，果实长至核桃大时进行顺瓜，即把幼果的方向理顺摆好，使之能顺利发育膨大；翻瓜的目的是为了使瓜着色一致，特别是大棚栽培，光照比较弱，接触地面的一面发黄，湿度过大时还易烂，所以要翻瓜。一般在采收前 10～15 天进行翻瓜、垫瓜。通常每隔 2～3 天翻 1 次，每次顺一个方向翻转 90°左右。

翻瓜应在晴天午后为宜，以免损伤果柄，防止裂瓜；垫瓜，在西瓜接触地面的一面垫一个草圈，使果长得匀称，不易烂果。当果实八成熟时“竖瓜”，把瓜竖立起来，使果实发育更趋圆正。

(9) 大棚西瓜的采收。

①采收标准。

A. 从开花到果实成熟需 28～30 天。不同的栽培方式，不同的气候条件，成熟的日期不同。早春大棚栽培，前期温度低，光照弱，积温时间比中、小棚要长，所以从开花到成熟所需的日数就多。一般在北方地区春大棚栽培的京欣类西瓜从开花到成熟需要 30～35 天。在中棚、露地小棚，只需 26～28 天即可成熟。南方地区早春阳光比较弱，往往积温积累的日数比北方还要长，所以西瓜成熟需要天数也就比北方要长。一般从开花到成熟需要 35 天左右。

B. 为了避免生瓜上市，在授粉的同时插标记，每隔 2 天换一个标记，用这种方法就可以避免摘生瓜。

C. 根据果实的形态特征加以判断，果实表面花纹清晰，果皮具有光泽，用手触摸较光滑，果脐向内凹陷，果柄基部略有收缩，这些都是成熟瓜的特征，反之则为生瓜。

D. 根据果柄、卷须形态确定，果柄上茸毛稀疏或脱落为成熟的表现，果实同节卷须枯萎1/2以上的为熟瓜。但这些指标不一定完全可靠，常随植株的长势不同而异，如采收初期，藤较旺盛，果实成熟时卷须并不枯萎；反之，后期生长弱，卷须虽已枯萎，果实也未必成熟。

②京欣类西瓜采摘时间。京欣类西瓜最大的弱点是易裂，特别是自根苗，更易裂果。所以采摘时注意轻拿轻放。在采摘时，一定不能选在早晨，因为西瓜本身夜间吸收水分，贮存在西瓜果实内，白天供叶片等的蒸发；夜间贮存在果实的水分逐步地输送到蔓、叶等器官。而早晨蒸发量很少，果实内贮存大量的水分，这时如采摘，很容易造成裂果。随着温度升高，阳光增强，蒸发量逐渐增大，中午的蒸发量最大，果实里的水分减少，到下午3～4时后采摘可减少裂果的发生。

③产量。大棚生产的京欣类西瓜，一般单果重都能达到6千克以上，平均亩产稳定在4 000千克。采用嫁接栽培措施种植的大棚西瓜，产量明显增加，单果重在7～8千克，平均亩产4 500～5 000千克。但不同地区气候条件差异较大，产量差异也较大，同样春季大棚西瓜在北方大部分地区能达到4 000千克以上。而南方，特别是长江流域地区，由于春季回暖慢，光照差，阴雨多，果实生长速度慢，造成产量低。一般情况下，2 500～3 000千克/亩。另外，栽培水平有高有低，也造成产量差异比较大。高者可达6 000千克，低者1 500千克左右。

7. 中棚、露地小棚早熟西瓜栽培技术措施应掌握哪些方法？

(1) 中、小棚的结构类型。

中棚的结构一般是无立柱的，拱架用竹板，宽4.5米或3米，高1.5米或1.3米。可种植3行或2行。

小棚的结构：小棚双膜覆盖与中棚同样由地膜和拱棚两部分组成，地膜用0.015毫米厚的膜覆盖，拱架用竹片、柳条制成，上覆盖0.05～0.08毫米透明农用薄膜，四周压紧实，膜外用绳固定防风。目前利用小棚栽培西瓜的面积比较大，比中棚面积大许多倍。小拱棚的结构南北方各不相同。

华北式：按3米距离挖沟施肥，其上用湿土培成高10～15厘米的高畦，上宽45～50厘米，下宽60厘米，整平畦面及时全面盖膜，以利提高地温和保持水分，然后插小拱棚架，小棚跨度100厘米，高60厘米，拱架之间距离50～60厘米。

南方式：小棚跨度1.2～1.4米，高60～70厘米。当地多在2月中、下旬播种，3月中、下旬使用小棚定植。早期棚温较低，为早期防寒和促进生长，在棚内再搭一个宽70～80厘米，高约30厘米的简易小棚，覆盖地膜，约25天后拆除，它对进一步提早成熟有良好效果。

（2）中、小棚性能。

中、小棚是双膜覆盖，唯一热源是太阳，所以棚内气温随着外界气温的变化而变化，棚温高低具有很大局限性。中、小棚由于空间较小，保温性能较大棚差，升温、降温变化很大。一般情况下，小棚、中棚的增温能力只有3～6℃。外界气温升高，棚内增温显著，最大增温能力可达15～20℃，所以晴天中午棚内容易造成高温危害（烤苗）；在阴天、低温或夜间没有光热时，棚内最低温度仅比露地高1～3℃，遇到寒流极易产生霜冻。棚内土壤温度随着棚内气温的变化而变化，但地温的变化比较平稳，特别在畦面覆盖地膜以后，棚内地温比同期露地高6～8℃。北京地区3月下旬棚内日平均地温可达14～18℃，4月上旬棚内地温可稳定在15℃以上。在江苏地区3月下旬至4月，棚内平均气温可达16～25℃，比露地气温高8～11℃。棚内若不覆盖地膜，地温为18～22℃，比露地高1.8～4.0℃；覆盖地膜的地温可增高2.3～4.5℃。

（3）利用中、小棚进行早熟西瓜生产的技术措施。

①育苗。

A. 育苗期。根据中、小棚的性能，中棚在 3 月下旬就可达到西瓜幼苗生长的地温、气温。在此之前提前 30～35 天育苗。如嫁接育苗提前 45～50 天播种砧木，进行嫁接育苗；小棚定植一般在 4 月初左右，提前 30～35 天育苗；嫁接育苗提前 45～50 天育苗。南方地区一般在 2 月中、下旬中棚育苗，3 月初小棚育苗。

B. 育苗场所。根据播种期的气候特点，北方地区中棚育苗时，外界气温还比较寒冷，播种时间为 2 月中下旬，即使在大棚内也达不到幼苗的生长温度，所以采用日光温室加地热线育苗。小棚可以用日光温室或大棚加盖小棚育苗。南方地区中棚栽培西瓜，大棚加地热线育苗，小棚采用双膜覆盖中小棚育苗。

②定植期和定植密度的确定。

A. 定植期。当中、小棚内地温稳定在 15℃以上，气温不低于 12℃时，就可以定植，一般在当地终霜期前 15～20 天，华北地区在 3 月中下旬至 4 月初可以定植。定植方法采用水稳苗。

定植前也要进行开沟施底肥、浇底水、做畦、覆盖地膜等工作，与大棚基本相同，参考大棚西瓜栽培做畦，施底肥方法。小棚栽培，北方地区做畦方法与大棚不同。一般以北面高，靠南部低，因早春北方经常刮北风，为了防风，在做畦时，北面高出 20～25 厘米，就起到防风、保温作用，也起到采光好、易提高地温的作用。

B. 定植密度。中、小棚密度比大棚密度相对高一些，北方地区一般 800 株/亩。而南方地区由于阴雨较多，坐果节位高，蔓相对比较长，所以密度也相对低，一般 600～650 株/亩。株行距北方地区 60 厘米×150 厘米，南方地区 60 厘米×170 厘米。

③田间管理。

A. 温度及光照管理。中、小棚与大棚温度管理有较大不同，中、小棚温度变化较大，大棚温度变化比较平稳。

中、小棚温度存在明显的季节变化和日变化，尤其前期温度变化大。昼夜温差受季节和天气阴晴的影响，低温季节温差大，温暖季节温差缩小；晴天昼夜温差较大，而阴天温差则较小。在一天中，日出前温度最低，日出后1～2小时棚温迅速升高，9～10时温度回升很快，在不通风条件下平均每小时增温5～8℃，12～13时出现最高温，晴天最高可达40～50℃，14～15时后棚温度逐渐下降，平均每小时下降5℃左右，棚内最低温度一般仅较露地增加3～6℃。棚温的管理应根据这一变化规律，合理掌握通风时间及通风量。

棚温管理以保温促进生长为原则，定植后5天内密闭不通风，以提高气温和土温，促进缓苗。定植前期土壤湿润，空气湿度高，即使高温也不致引起烤苗。以后，外界气温逐渐升高，开始逐渐通风，实行30～35℃高温管理，夜间保持在15℃以上，不低于12℃。中棚内扣小棚，白天时揭开小棚，夜间扣好，如出现温度过低的情况下，小棚上加盖草帘，中棚也同样。

放风方法：中棚，前期从中央顶部放风，如顶部没有放风口，可采用两头放风；中后期温度较高，两头放风量不够，可在中棚两侧放风，降低温度。小棚同样采取此方法，前期两头放风，然后采用在棚的顶部打洞放风，最后两侧，再以后蔓生长45厘米左右，全部揭开。

B. 及时整枝，合理布蔓。中、小棚栽培的空间小，种植密度较高，在覆盖期间应注意及时整枝，合理布蔓，更好利用空间和改善透光条件。特别是中间覆盖时间比小棚长，直到坐果后才撤掉棚膜，更需要早整枝。整枝方法与大棚一致，采用三蔓整枝。中棚内采用双行定植，可采用对头爬蔓，增加空间。也可采用顺方向爬蔓。

小棚栽培，由于单行定植，朝一个方向顺蔓。

C. 提早留果，人工授粉。中棚栽培的可在主蔓第二个雌花留果。小棚栽培可选择主蔓第三个雌花，侧蔓第二个雌花坐果。由于授粉时昆虫比较少，特别是中棚坐果时，棚膜未揭，昆虫更少，一定采用人工补助授粉，提高坐果率。

D. 肥水管理。中、小棚前期以保温为主不宜大水漫灌，降低地温。在定植前整地作畦时，灌足底水，定植时采用水稳苗，定植后 3～5 天后再灌定植水。定植水也不要过大，以免降低地温。在授粉前施 1 次肥，灌水。中棚栽培的，这一水也不要过大，保持土壤湿润；小棚栽培，一般在拆棚后灌 1 次大水，这时外界气温升高，地温也升高。结合灌水施 1 次肥，每亩追腐熟饼肥 50～60 千克，三元复合肥 15 千克。当坐果后，施膨果肥每亩地追尿素 20 千克，钾肥 15 千克，浇膨果水。以后保持土壤湿润，收获前 7～10 天停止灌水。

中、小棚由于后期揭棚后，蒸发量较大，灌水要比大棚多，次数也增加。

E. 加强病虫防治。前期由于双膜覆盖湿度较大。易发生病害，注意及时放风，降低湿度。后期棚膜揭开后，虫害易发生，所以要加强害虫的防治。特别是小棚栽培的西瓜，后期比较干旱，蚜虫较多，导致病毒病的发生。到采收期时，雨水比较多，特别是南方地区，梅雨季节的到来导致病害发生，如炭疽病较为严重，所以要加强防治。

F. 收获。中、小棚栽培的京欣 1 号或京欣 1 号系的其他品种西瓜，收获期各不相同，气候条件也不同；生长时间长短也有差异，收获时应注意裂果现象的出现。

南方地区收获时正处于雨季，裂果现象很容易发生。最好选择晴天的下午采收，要轻拿轻放。北方地区虽然雨水少，但是如土壤干旱，也容易造成裂果；再有，中、小棚后期气温较高，果实膨大的速度快，采收时也易裂果。要采取一定的措施防止裂果，一是要保持土壤湿润，二是要合理施肥灌水，三是收获时要轻拿轻放，四是要采用嫁接栽培。

8. 保护地早熟西瓜栽培地域差别及不同栽培特点有哪些?

(1) 华北栽培区的范围及栽培特点。

①华北栽培区大体是指淮河以北、长城以南、甘肃以东的以华北平原为主体的广大地区，主要包括山东、北京、天津 3 省，直辖市全部和河南（除豫南信阳等地区外）、河北（除张家口、承德地区外）、山西（除晋北大同等地区外）、陕西（除陕南汉中地区外）大部以及苏北、皖北、辽南、陇东等地。

②本地区西瓜生长季节内的主要气候特点是：前中期 4～6 月缺水旱季，在正常年份有利于幼苗和植株的健壮发育。本区内春季气温回升较快，5 月份的平均气温已高于 20℃，5 月份与 3 月份相比，气温升高 12～16℃，因此本区发展西瓜早熟栽培十分有利。

居于本地区的气候特点，经过 1985—1995 年 10 年间研究，推出了一整套适合于本地区早熟栽培的方法，并推出了配合早熟栽培品种——京欣类西瓜效果更加突出，收益更加显著。在这一地区广泛推广早熟西瓜品种，均选用京欣类品种，利用大棚、中棚及小棚栽培方式，采用嫁接技术三蔓整枝留一个果的整枝方法及施肥灌水的合理技术措施，使京欣 1 号等系列品种占领了整个华北地区的早熟栽培面积。

③栽培特点及管理方法。

A. 定植。一般 3 月初至 3 月中旬定植，在每畦栽 1 行，穴距 60 厘米（视品种而定），每亩密度 650～750 株，大小苗分开移栽，水稳苗的方法进行定植。定植后，封好定植口。

B. 要加强温湿度管理。

a. 定植后 4～5 天闭棚，不通风，不揭棚，以防降温，影响缓苗。发苗靠发根，发根靠地温。

b. 生长前期，白天棚内气温保持在 28～32℃，夜间保持在 14℃以上，地温保持在 18℃以上。

c. 伸蔓期白天棚内气温30～32℃，夜间不低于15℃。

d. 坐果后，保持棚温30℃左右，最高不超过35℃。

C. 整枝。根据品种特性，中果型西瓜保留1根主蔓2根侧蔓，小果型品种采取1主2侧或1主3侧，去除多余侧蔓。及时备好土块，理蔓压蔓，确保蔓叶均匀分布。

D. 人工授粉。中果型品种第一茬瓜选留主蔓第二或第三雌花授粉坐果，确保1株1果；小果型品种选择主蔓第二和侧蔓第一雌花授粉坐果，1株2～3果。晴天在上午10时前进行人工辅助授粉，阴天可适当延长。

E. 选瓜定瓜。及时去除低节位瓜、畸形瓜，选留果形好的瓜。

F. 加强肥水管理。

一是，定植时，水稳苗，及时封土，压紧压实。

二是，适时浇水抗旱。虽然西瓜是耐旱作物，但仍要根据土壤墒情，及时浇水抗旱，缺水易造成僵苗不发（干僵）。

三是，膨大肥的施用。在人工授粉7～10天后，果实长到鸭蛋大时，重施1次膨大肥，每亩用45%硫酸钾20千克，或三元复合肥20～25千克，加尿素15～20千克，距苗10～15厘米，或在小高畦下面正对西瓜定植苗处，进行开穴或开沟追肥，进行灌水。

提倡根部追肥与叶面喷施相结合，以减少施肥的机械损伤，节省肥料用量，提高肥料利用率。推荐使用绿之宝——最新改进浓缩作物专用有机液肥，增强作物光合能力、抗逆能力、抗病能力等多种优势，尤其对僵苗、黄苗和移栽未活棵的有促进转化的奇特效果，可与药肥一起混喷，安全有效。应注意使用硼、锌等微肥。

（2）东北栽培区的范围及栽培特点。

①东北栽培区主要包括黑龙江、吉林两省与辽宁省大部（除辽南外）、内蒙古东部以及河北北部、山西北部等部分地区。京

欣1号主要集中在黑龙江省哈尔滨市郊、依安县，辽宁省新民市、盖州等地。

②西瓜生长季节内的气候条件与华北地区基本相似，但无霜期比华北地区短，有效积温少，对西瓜生产有一定限制。因而西瓜的生长季节比华北区晚。前中期多晴干旱，后期雨水充沛、气温较高，雨季与华北地区相同，对西瓜生长发育十分有利。昼夜温差较大，有利于促进西瓜果实内的糖分积累，病虫害比较轻。

③栽培特点，由于无霜期短，播种季节比华北地区要晚，所以要采用育苗方法，提早栽培，利用保护地大棚、中棚、小棚等栽培方式提早上市。本地区育苗期也要根据不同栽培方式来确定育苗播种期，如大棚栽培，育苗期在3月中旬左右。育苗方法及栽培方式与华北地区相同。

田间管理，由于本地区比较干旱，特别是中、小棚及露地栽培更为明显，所以要有水浇条件，做到及时灌水提高西瓜的产量。尤其膨果水肥要及时，防止裂果现象的发生。

（3）长江中下游及重庆地区的栽培特点。

①长江中下游包括湖北、湖南、浙江、江西、上海全省（直辖市）和安徽、江苏的大部以及河南（信阳地区）、陕西（汉中地区）部分地区在内的广大地区和重庆、四川等地。

②气候特点，本区内一年通常只能种植一季西瓜，以露地西瓜为主。栽培季节为4～7月，在此生长季节内气温逐渐升高，育苗季节和生长初期温度偏低，并受南北气流影响温度变化幅度较大，伴随降水过程影响幼苗的生长，甚至造成僵苗、死苗现象；进入7月以后高温伴随干旱，夜温高，影响养分的积累和果实的膨大。西瓜露地生长最适宜季节为4月下旬至6月上、中旬，仅2个月左右的时间。4～7月的雨量占全年降水量的40%左右。梅雨季节多集中在5月下旬，对西瓜的生长与坐果危害较大。

总之，本区内温光条件较差，基本上满足西瓜生长发育的需要，在栽培上采取一定的措施，确保稳产高产。

③栽培特点。

A. 本区前期升温慢，阴雨多，湿度大，育苗要求技术高。采用地热线育苗方法，利用营养钵控制苗床湿度，利用大棚或中棚内套小拱棚的育苗方式，确保苗出齐，并生长健壮。育苗时间在2月下旬至3月初。苗龄掌握在1个月左右。

B. 定植畦要采用高畦，畦高为15厘米，宽为45～50厘米。密度比华北、东北地区稀，平均每亩600株左右，有效降低湿度，增加光照。

C. 小拱棚栽培，定植后搭盖小拱棚，利用2米棚膜，可以提高前期的温度，促进植株生长，防雨降湿，避免病虫害的发生。当外界温度达到最适合植株生长时，5月初左右，就可以撤掉小拱棚，进入授粉期。

D. 水肥管理。本区大部分属于丘陵地，基本上没有灌溉条件，雨水充沛，无需浇水。但施肥上与北方大同，利用追肥、水粪结合的施肥方法。为了避免这种施肥烧根、烧苗现象的发生，距植株15～20厘米开穴施肥，或在地膜下开沟施肥。

E. 整枝留果方法，与北方相同，但三蔓整枝后，再出侧枝要及时摘掉，以免营养生长过旺，影响坐果。进入坐果期，人工补助授粉及时疏果。

F. 病虫害防治要及时，这个地区由于阴雨多、湿度大、土地少，轮作倒茬较困难，造成病害严重。主要病害是炭疽病、枯萎病、蔓枯病、病毒病等；主要虫害为红蜘蛛、蚜虫、黄守瓜等。在生长期内要降低湿度，进行轮作倒茬或采用嫁接栽培。当病虫害发生初期要及时防治，增施磷、钾肥增强植株抗病虫性。

(4) 华南栽培区的栽培特点。

①华南栽培区主要包括福建、广东、广西、海南、台湾五省

（自治区），福建、广东、广西每年可以两季栽培，以春播为主。海南省气候温暖、日照充足，有明显的雨季和旱季，分冬、春两季栽培。

②气候特点。华南区位于热带、亚热带地域，境内有著名的武夷山、五岭山、云开大山、十万大山、五指山，形成了西北高东南低的地势，同时境内河流纵横交错，形成大小众多的台地、河谷、三角洲与平原。东南沿海曲折绵延，气候温暖，雨量充沛，全年平均温度从北到南为19.8℃、20℃、22℃、26℃左右，年积温6 000～8 000℃；年降水量1 200～1 800毫米，南部沿海及海南省超过2 200毫米；每年6～9月份为台风季节，带来暴雨和风害。由于华南栽培区各省（区）的温、光、水资源丰富，作物生长周期短，因此，有利于西瓜的多茬栽培。但也因雨水多，湿度大，病虫害严重，限制了西瓜生长的发展。

③发展情况。由于华南特殊的气候条件，栽培季节一般在冬季10月至翌年1月份，春季2～4月份。大部分生产的西瓜销往北方，特别是春节前后。雨水多，适合于坐果性强、耐湿性好的品种，在这个地区20多年来基本栽培的品种以台湾育成的新红宝为主。近几年来，随着南瓜北调，要求品质更高、更早熟的品种。京欣1号西瓜迎合了种植者及消费者的需要。海南省的三亚自1990年就有小面积栽培，目前面积逐步增加已达到几千亩。福建、广东、广西栽培面积越来越大，在今后的2～3年内将成为这3省早熟西瓜的主栽品种。

④栽培特点。作为秋季栽培，10月中、下旬播种，12月底收获。这个季节雨水比较少，播种时气温高，幼苗易徒长，坐果节位高，到果实膨大期气温比较低，昼夜温差较大，产量稳定、品质较好。育苗或直播为确保壮苗，营养土或底肥要充分施足，降低坐果节位。

春季栽培，1月播种，3～4月份收获。播种时气温较低，幼苗生长健壮，有利于花芽分化，坐果节位低。到膨果期气温回升较快、温度高，果实膨大速度快。在这个时期注意肥水管理及时，保持土壤湿润，确保京欣1号充分膨大，提高产量，防止裂果。

9. 嫁接西瓜栽培管理应注意哪些问题?

(1) 合理施肥。

嫁接苗由于根系发达，吸收肥力强，基肥和苗期追肥如过量，易出现生长过旺，影响雌花的出现和延迟坐果，故应适当减少基肥及苗期追肥的用量，葫芦类砧可较自根苗减少20%。坐果以后则根据植株的长势灵活掌握。

(2) 合理密度。

嫁接苗较自根苗长势旺盛，主蔓较长，侧枝萌发快，因此种植密度较自根苗应适当降低，并及时整植，不宜放任生长。西瓜嫁接大棚栽培密度与产量有着密切的关系。

表 5-4 西瓜嫁接大棚栽培密度与产量 单位：千克

密度＼产量	Ⅰ	Ⅱ	Ⅲ	平均	折亩产	单瓜重
500 株	397.2	385.9	401.0	394.7	3 083.8a	5.86
600 株	419.3	416.4	440.9	425.5	3 324.5b	5.55
700 株	434.2	434.7	441.2	436.7	3 411.7b	4.39
800 株	427.7	417.4	398.8	414.6	3 239.1ba	4.15

产量和单瓜重F测验差异显著，产量以700株处理最高，单瓜重500株处理最高，显著性差异（LSR）分析达显著标准。单瓜重有随密度减少而增加趋势，在试验范围内，未达极限值。从产量和商品瓜质量综合分析，密度以600～700株为好。推荐密度每平方米1株，每亩667株。这在以后的大量生产调查中得到证实。

(3) 水肥管理。

瓠子、葫芦砧的嫁接苗，由于其根系较浅，耐热性、耐旱性不及西瓜自根苗，在后期高温干旱的情况下，如果供水不足，藤叶容易萎蔫，故应加强后期水肥管理。

（4）嫁接后的管理。

嫁接后切不可用土压蔓，防止不定根的生长，即使不压蔓也易产生不定根，应在行间铺草或地面全部覆盖膜，以免蔓的节间生长不定根扎进土壤，传染枯萎病，起不到嫁接防止枯萎病发生的目的。

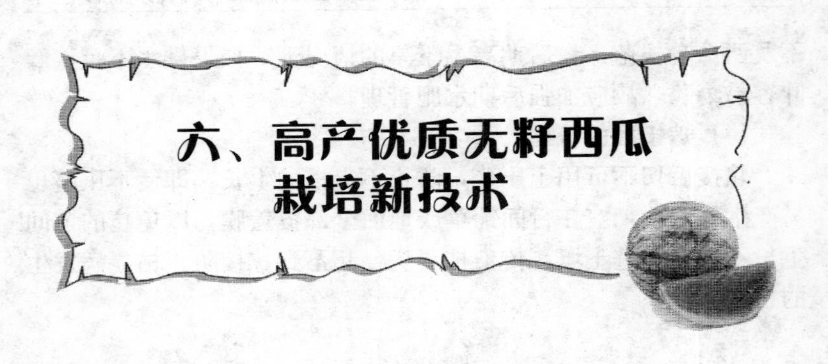

六、高产优质无籽西瓜栽培新技术

1. 无籽西瓜有哪些特征特性？

无籽西瓜同有籽西瓜相比，有其固有的特征特性。无籽西瓜含糖量高，食用性好，商品价值高，增产潜力大。无籽西瓜是三倍体，具有明显的杂种优势，表现为生长旺盛，叶片肥厚，枝蔓粗大，营养体超过二倍体和四倍体。无籽西瓜因种子较大，种皮厚而硬，口紧，种胚发育不良导致发芽率低，一般为70%～80%。幼苗出土后，子叶较小，且生长不对称，生长力弱，成苗率低。无籽西瓜茎蔓的最大功能叶出现节位高，所以留瓜节位较有籽西瓜高，以20节为宜。无籽西瓜苗期弱，中后期生长旺盛，功能叶片较多，最大功能叶单叶面积238厘米^2，较普通西瓜大23.9%，无籽西瓜同化作用较普通西瓜高12%，所以植株生长旺盛，抗病力强，瓜大产量高，结果持续时间长，若加强管理，可收获二茬瓜。无籽西瓜雄花的花粉多为空囊或巨型细胞，孕性很低，不能正常受精，需栽普通西瓜为之授粉。

在生产上针对无籽西瓜发芽率低，幼苗生长弱，中后期易旺长等特点，采取了相应的技术措施，扬长避短，取得了较高的产量和经济效益。

2. 大棚早熟栽培无籽西瓜应掌握哪些技术措施？

（1）大棚构造与保温方式。

大棚为半圆形大拱棚，棚高1.7米，跨度7米，长100米，东西走向。用直径3～4厘米的竹竿绑架成拱，两拱竿距1米，用聚乙烯普通农膜三幅二缝或四幅三缝覆盖棚面，缝相交20厘米，用压膜竿压紧。大棚最好在封冻前建成。

大棚采用“三膜一苫”的覆盖方式保温，即大拱棚里套小拱棚，小拱棚里覆地膜，小拱棚外面盖草苫。据测定，这种保温方式在本区1月份（最低气温－15℃左右）棚内最高气温达29℃，最低气温10℃，10厘米以下地温最低12℃。

（2）精细整地，施足基肥。

选择5～7年未种西瓜的肥沃沙壤土，顺棚向整地。按每棚种2行西瓜，瓜行距棚边2米，挖瓜沟宽1.5米，深25厘米，挖出的熟土放在沟两边，再深翻30厘米，然后将挖出的土1/2回沟整平。一般每亩棚施有机肥5 000千克，磷酸二铵70千克，硫酸钾50千克，豆饼70千克。有机肥全面撒施，化肥集中施于沟内。最后将剩余的另一半土回沟，整成8厘米高的垅，以备定植。

（3）选用良种。

本区种植的无籽西瓜品种主要是由台湾引进的新1号和山东省鲁青农业公司配制的鲁青1号。这两个品种产量高，品质佳，单瓜重6～10千克，商品和农艺性状好，耐贮耐运，适应地区广。同时选用黄皮或黄瓤有籽西瓜作为授粉品种，数量为无籽西瓜的1/6～1/8。

（4）播种育苗。

①整理育苗畦。在大棚中心偏南处整畦，宽1.5米，深0.1米，长度以育苗数量而定。用7份熟土加3份腐熟的有机肥，混匀配成营养土。每立方米营养土加尿素0.15千克，磷酸二铵1千克，硫酸钾0.5千克，50％的多菌灵粉80克。用旧报纸或塑料袋制成直径10厘米，高12厘米的营养钵，装营养土后排放畦内，浇透水，盖地膜增温备播。

②破壳催芽。无籽西瓜因种皮厚而硬，种胚发育不良，影响种子发芽，需采取破壳处理，以提高发芽率。试验证明，不破壳的种子，发芽率是20%～30%，破壳处理的种子，发芽率在70%以上。破壳方法：将种子放在20～25℃的水中浸泡4～6小时，或在10～15℃水中浸泡8～12小时，搓去种皮上的胶黏物质，用清水洗净，晾干后用牙齿将种子嗑开或用铁钳轻轻夹开一小口。种子破壳后立即进行高温催芽。无籽西瓜种子催芽所需温度较有籽西瓜高，适宜温度为32℃，不能超过35℃。一般开始催芽的10～12小时内，温度控制在33℃左右，促进种子萌动，而后降温至30～32℃，约经36小时，胚根长0.3厘米时即可播种。可采用电热毯加棉被覆盖进行控温催芽。

③播种育苗。本地区一般在1月初播种育苗。将催芽的种子播入营养钵内，覆土1厘米。播后盖地膜撑小拱棚，夜盖草苫。无籽西瓜播种后成苗率高低，苗床温度起重要作用。据试验，播后7天日平均温度17.3℃时，成苗率为39%；日平均温度19℃时，成苗率为65.2%；日平均温度29℃时，成苗率为89%。播前要提温，播后加强增温保温措施。出苗后，白天温度控制在25℃，夜间15～17℃为宜。出苗后及时撤去地膜，摘掉幼苗上的帽子。无籽西瓜幼苗生长慢而弱，育苗期间不要蹲苗。注意及时喷药以防苗期病害。

(5) 定植。

瓜苗长出3叶时，苗龄35天左右进行定植，一般在2月下旬。定植方法：按株距38厘米将营养钵摆好，每亩棚定植500株，其中授粉品种60～80株。授粉品种栽植大棚一头，以免混栽而形成发病中心。

(6) 定植后的管理。

①调节棚温。缓苗期，定植后7～10天一般不通风，促缓苗，白天气温保持28～32℃，夜间不低于15℃，若气温超过35℃可用草苫遮阴或适当通风。伸蔓期，白天气温控制在25～

28℃，夜间不低于15℃。坐果期，白天保持28～32℃，夜间维持在17℃以上。成熟期棚温保持在30～35℃。

②合理施肥浇水。无籽西瓜定植前期生长缓慢，一般不浇水、不追肥。伸蔓后生长转旺，可通过调控肥水，以适当控其营养生长，促进坐瓜，以免徒长。坐瓜后浇第一水，西瓜定个后浇第二水，头茬瓜收获后浇第三水，促结二茬瓜，结合每次浇水追施尿素30千克/亩。无籽西瓜生长中后期茎蔓旺盛，应加强肥水管理，促进果实膨大和植株继续生长，充分发挥无籽西瓜的生产后劲。总施肥量掌握在比有籽西瓜增加10%～20%。

③整枝留瓜。采取1主3侧整枝留蔓法，即1条主蔓结瓜，3条侧蔓为营养蔓。瓜蔓每生长30～50厘米进行压蔓，使其分布均匀。选择第三雌花留瓜，此节位留瓜个大，品质好。采用人工授粉，可在上午8～10时进行。无籽西瓜授粉后35天左右成熟，采收以九成熟为宜。一茬瓜收获后，从植株基部选留1条生长健壮的新蔓作为结瓜蔓，加强肥水管理，促结二茬瓜。

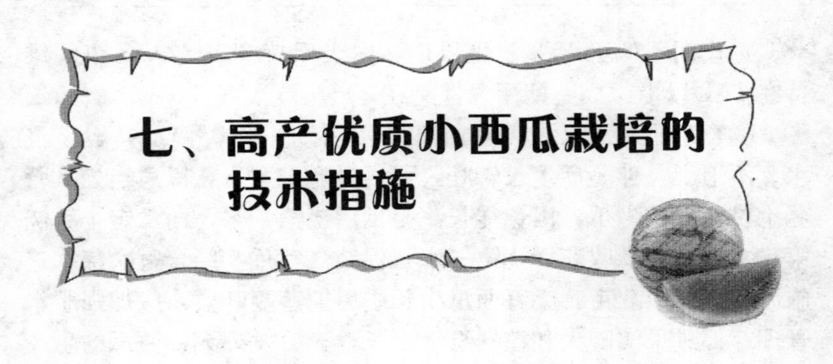

七、高产优质小西瓜栽培的技术措施

1. 春季大棚优质小西瓜栽培技术要点？

（1）种植前应做的准备。

①品种的选择。对春季保护地栽培的小西瓜品种要求：坐果性好，耐低温能力强，具有连续坐果能力，品质优、皮薄、可食率高、口感好、无纤维、籽少的品种。

具有以上特性的品种有：早春红玉（日本）、拿比特、好运来、马可波罗（日本）、红小玉、黄小玉（日本）、黑美人（中国台湾农友）、墨童（无籽）、京秀、京兰、秀丽、秀美、秀雅等。

②基肥准备。由于以上品种大部分生长势较强，必须避免过多施肥，特别是氮肥，否则会因植株生长过旺而导致雌花生长不良，影响坐果及产生果皮增厚等不良现象。基肥以腐熟的牛粪堆肥配合适量的化学肥料为宜，每亩可用硫酸钾复合肥 30～35 千克、硫酸钾 10～15 千克、过磷酸钙 35～40 千克、腐熟有机肥 500～1 000 千克。土壤肥沃或前作物残效肥较多的田块应适量减少肥料用量。基肥施用的原则是宜少不宜多。

③整地。浇足底水后将腐熟有机肥均匀施于土面，然后深耕、碎土，再将化肥均匀撒施于土面、耙平、起畦。作畦要求：宽度为 6 米的大棚一般分成 2 畦，畦宽 180 厘米、高 10～15 厘米；棚内起两边沟及中沟，沟宽 80 厘米。双行定植。作畦后及时覆盖地膜和棚膜，待用；另外，跨度 6 米的大棚也可以做成 4

个畦，行距为1.5米，小高畦，高度为10～15厘米，畦上宽为60厘米，下宽为80厘米，沟宽为70厘米，单行定植。12米跨度的大棚，可以按双行定植，作4个小高畦；或按1.5米的行距作畦，单行定植。

(2) 育苗。

①育苗土采用肥沃、透气、保水性良好的人工配制营养土，为防止育苗土存在病源菌污染危险，应事先进行土壤消毒。

②浸种催芽与普通西瓜的区别：浸种时间不同，普通西瓜浸种时间在8～10小时，而小西瓜种子浸种时间只需6小时。育苗于温室内进行，播种温度为28～30℃，育苗温度为20～25℃，早春地温较低时宜用地热线增温育苗。定植前7天开始降温炼苗，将育苗温度降至15℃。早春促成栽培，定植时苗龄不宜太小，否则定植后植株生长缓慢甚至停止生长。春季育苗一般在2月底至3月上旬播种（用72穴的穴盘育苗）；夏秋季栽培从播种至采收一般为80～90天，适宜的播种期为7月下旬至8月上旬。

(3) 定植时的要求。

春季当棚内土温达到15℃以上时，可选择晴天上午进行定植，苗龄约30天，采用畦中央单行定植，株距35厘米，每亩约栽植600株，植后浇少量定根水并闷棚4天，然后于晴天开棚通风，以利增温，提高成活率。夏季栽培一般宜小苗移栽，苗龄为15～20天，定植时可覆盖黑色地膜或秸秆，并适当增加定植密度。

(4) 整枝与疏果。

整枝采用三蔓整枝法：瓜苗长至5～6片真叶时，留5片叶后打顶，促侧枝（子蔓）长出；当瓜蔓长至10～15厘米时，选留大小均匀、长势基本一致的3条侧枝，并调整侧枝向一个方向伸出，其余侧枝全部摘除。整枝工作完成后及时喷施甲基托布津或百菌清1 000倍液消毒。从子蔓长出的孙蔓要及时摘除，直至坐果为止。

当子蔓长至50～60厘米时，将子蔓向植株基部牵回，使子蔓的顶端对齐在一条线上，以便在每条子蔓的第二雌花（一般15～20节位）上坐果。同时可采用蜜蜂授粉或人工辅助授粉的方法促进西瓜坐果。人工辅助授粉通常于上午10时前完成，授粉后可于当天傍晚喷施坐果灵等激素，以提高坐果率，并用涂色或挂牌方法对每朵雌花做好开花日的标记。果实长到鸡蛋大小时进行疏果，一般每株留2个果。坐果达不到目标果数的，必须在其后的雌花上继续授粉让植株继续坐果，直到每株达到目标果数为止。同时，要将坐果节前的孙蔓全部摘除。坐果后15～20天，对果实进行一次"翻身"操作，使原与地面接触的一面翻转向上，同时用干燥稻草或果垫垫果，以便收获时的果皮花纹均一漂亮。

(5) 调节温度与通风。

春季栽培，植后的初期，为确保植株顺利成活生长，白天棚内温度应保持较高（30～35℃）水平，下午尽早（16时左右）将内外棚封闭；植株成活后，以白天温度30℃，夜间温度15℃进行管理。坐果前后将管理温度稍提高，确保顺利坐果以及果实膨大。果实生长后期，可进行通风换气，拉大昼夜温差以促进糖分积累。

(6) 病虫害防治。

拿比特西瓜常见的病害有病毒病、枯萎病、疫病，常见的虫害有蚜虫、螨虫、青虫、夜蛾科害虫等，可根据病虫发生情况采取相应综合防治措施。其中防虫网是大棚栽培西瓜最行之有效的措施。

(7) 收获时应注意的环节。

一般以开花后天数作为收获日期，该方法的判断最为准确。同时在收获前进行2～3次的开刀试食，以确定收获的适期。收获前15天内严禁使用任何农药。收获开始时，对顶端开出的雌花进行授粉，促使二次坐果。当第一次果收获完后，视植株长势进行追肥和灌水，并促其三次坐果。夏秋季栽培，西瓜成熟所需的时间短，必须及时采收上市，以免影响品质。

2. 如何利用春季大棚高产、密植栽培小西瓜?

（1）种植前应做的准备。

①品种的选择。对春季保护地栽培的小西瓜品种要求：坐果性好，耐低温能力强，具有连续坐果能力，品质优、皮薄、可食率高、口感好、无纤维、籽少的品种。

具有以上特性的品种有：早春红玉（日本）、拿比特、好运来、马可波罗（日本）、红小玉、黄小玉（日本）、黑美人（中国台湾农友）、京秀、京兰、秀丽、秀美、秀雅等。

②基肥准备。由于早春红玉、拿比特、好运来、马可波罗、京秀、秀丽、秀美、秀雅等品种生长势较强，在施肥时应注意施肥量不要过多，特别是氮肥，否则会因植株生长过旺而导致雌花生长不良，影响坐果及产生果皮增厚等不良现象。基肥以腐熟的牛粪堆肥配合适量的化学肥料为宜，每亩可用硫酸钾复合肥30～35千克、硫酸钾10～15千克、过磷酸钙35～40千克、腐熟有机肥1 000～2 000千克。土壤肥沃或前作物残效肥较多的田块应适量减少肥料用量。基肥施用的原则是宜少不宜多。

③整地。浇足底水后将腐熟有机肥均匀施于土面，然后深耕、碎土，再将化肥均匀撒施于土面、耙平、起畦。作畦要求：跨度6米的大棚也可以做成4个畦，行距为1.5米，小高畦，高10～15厘米，畦上宽为60厘米，下宽为80厘米，沟宽为70厘米，双行定植。12米跨度的大棚，可以按双行定植，作8个小高畦。或按1.5米的行距作畦，双行定植。每亩密度1 500～1 800株。

（2）小西瓜立架栽培的优点及应用范围。

立架栽培可以增加密度，提高产量；通风透光好，减轻病害；商品性好，提高经济效益；成本高，技术难度大。目前在塑料大棚和温室栽培上应用较广，露地和塑料薄膜覆盖栽培中应用尚少。

（3）砧木的选择。

小西瓜具有品质优良、纤维少、口感好、皮薄、早熟、易坐果、耐低温弱光等特点。小西瓜对砧木的要求比较严格，作为小西瓜的砧木必须保持小西瓜的品种不变，其他特征特性也不能发生改变。

①选择既耐低温又耐热、生长势强、后期不早衰的葫芦、瓠瓜作小西瓜砧木。选择这类的砧木嫁接后，一方面不会影响小西瓜的品质，还会使小西瓜的含糖量增加；另一方面选择耐热、不早衰的砧木，可以避免因春大棚后期温度过高，出现植株过早枯黄，导致小西瓜还没有成熟，植株就死亡的现象出现；再有，春节大棚小西瓜栽培，要收获2～3茬瓜，从3月中下旬，一直到7月初才结束。这就需要砧木一定要是抗早衰的品种。另外，还可选西葫芦类型的品种，作为小西瓜砧木（西葫芦类）。

②南瓜不能作为小西瓜的砧木。这是因为南瓜作小西瓜砧木后，影响小西瓜的品质。使小西瓜口感变差，皮变厚，纤维增多，果肉容易变空洞，而且容易出现畸形瓜。不仅如此，由于南瓜作为小西瓜砧木，造成小西瓜生长势过旺，不易坐瓜、跑秧，造成减产。

作为小西瓜砧木应注意以上要点。目前可选择的小西瓜砧木品种：超丰、西瓜砧木王、青研砧木、鲁青砧木1号、万年青、京欣砧5号（西葫芦类）等。

（4）整枝与留果。

由于小西瓜前期长势弱，果形小，适宜留多蔓结多果，故以轻整枝为原则。留蔓数与种植密度有关，密植大时留蔓数少，稀植时留蔓数多。具体方法有两种：①摘心整枝。2～3蔓整枝的，于4～5片真叶时摘心，子蔓抽生后保持2～3个生长相近的子蔓平行生长，摘除其余子蔓；4～5蔓整枝的，于5～6片真叶时摘心，子蔓抽生后保持4～5个生长相近的子蔓平行生长。②留主蔓整枝。保留主蔓，同时在基部留2～3个子蔓，摘除其余子蔓和孙蔓，最后保留3～4蔓整枝。该法的优点是主蔓顶端优势始终保持，雌花出现早，能提前结果，早上市。也可单蔓整枝，但要增加密度。

（5）上架及绑蔓。

瓜蔓长到50厘米左右时，开始绑第一道蔓，先将瓜蔓向一侧进行盘条后再上架，以后每隔5叶引蔓一次，一般每根茎蔓绑4～5道即可。注意不可绑得太紧，但要绑牢，绑蔓时可将蔓按S形上引，为了压缩蔓的高度。

（6）促进小西瓜坐瓜及合理留瓜。

以主蔓或侧蔓上第二、三雌花坐瓜为宜。一、二茬瓜每株留2～4个，一般2～3蔓整枝留2瓜，4、5蔓整枝留3、4瓜，留瓜数少，瓜形较大，反之瓜形较小，具体可根据消费需求来确定。也有种植户为了争取早上市卖高价，留第一雌花坐瓜。为了提高坐瓜率，在雌花开放时，应进行人工辅助授粉。特别是在早春保护地种植，气温低、光照弱、昆虫少的情况下，更应进行人工辅助授粉。如果连续阴雨，花粉量少时，可使用适宜浓度的坐果灵（如沈农2号）进行蘸花促进坐果，同时进行人工授粉，利于果实膨大，但浓度不宜过大，以免形成畸形、裂瓜等。

（7）保障小西瓜吊蔓栽培时果实不脱落的方法。

当幼果长到0.4千克左右时，一般用塑料网或白色塑料袋套上，或用塑料绳系在瓜柄处，固定在架上即可。

（8）保障小西瓜高产优质的措施。

生长期内，白天温度保持25～30℃，夜间15～18℃。坐瓜前要控制肥水，防止植株徒长，果实膨大期间要追肥浇水，但忌大水漫灌，棚内要充分通风换气，调节温湿度，提高产量和品质。临近收获期切忌高温高湿，否则糖度下降，商品性差，不耐贮。

(9) 采收。

果实成熟标准判断：小型西瓜开花到成熟需要25～28天。

果实外观：果实表面花纹清晰，皮色变深，有光泽，果皮光滑，果柄、果蒂收缩内陷，果柄毛脱落，结果节位卷须干瘪，手弹瓜有“噔噔”响声。对于一些耐裂性不好的品种，采后要套上泡沫网袋，装箱运输。采收时间以下午15～16点后采摘为宜。

(10) 病虫害防治。

田间管理时发现蝼蛄、地老虎、根蛆等地下害虫时，可90%晶体敌百虫制成毒饵诱杀；对蚜虫、红蜘蛛等吸食性害虫，可用40%乐果或1%甲氨基阿维菌素1 500～2 000倍液或0.3%爱乐500～600倍液，在发病前或发病初期喷洒，每隔7天喷1次，连喷2～3次即可；对于枯萎病，可用10%双效果灵水剂250倍液，分别在苗期、伸蔓期、膨瓜期灌根，每株灌药液500～750克即可。

3. 如何利用春季大棚种一茬收获三茬小西瓜高产栽培技术？

(1) 品种的选择。

对春季保护地栽培的小西瓜品种要求：首先，坐果性好，耐低温能力强，具有连续坐果能力，品质优、皮薄、可食率高、口感好、无纤维、籽少的品种。

具有以上特性的品种有：早春红玉（日本）、拿比特、好运来、马可波罗（日本）、红小玉、黄小玉（日本）、黑美人（中国台湾农友）、墨童（无籽）、京秀、京兰、秀丽、秀美、秀雅等。

(2) 施用基肥的标准。

由于以上品种大部分生长势较强，必须避免过多施肥，特别是氮肥，否则会因植株生长过旺而导致雌花生长不良，影响坐果及产生果皮增厚等不良现象。基肥以腐熟的牛粪堆肥配合适量的化学肥料为宜，每亩可用硫酸钾复合肥30～35千克、硫酸钾

10～15千克、过磷酸钙35～40千克、腐熟有机肥500～1 000千克。土壤肥沃或前作物残效肥较多的田块应适量减少肥料用量。基肥施用的原则是宜少不宜多。

(3) 整地作畦。

底肥有两种施用方法：一种是，浇足底水后将腐熟有机肥均匀施于土面，然后深耕、碎土，再将化肥均匀撒施于土面、耙平、起畦；另一种是，按照行距进行开沟施底肥，宽度为6米的大棚一般分成2畦，畦宽180厘米、高10～15厘米；12～14米跨度的大棚作4个畦，开沟深度为30厘米，宽度为50厘米。按照每亩地基肥施用标准进行集中施肥，灌水，起小高畦。每个小高畦定植单行，向一侧爬，每亩密度为450株左右。作畦后及时覆盖地膜和棚膜，待用。

(4) 砧木的选择。

小西瓜具有品质优、纤维少、口感好、皮薄、早熟、易坐果、耐低温弱光等特点。小西瓜对砧木的要求比较严格。作为小西瓜的砧木必须保持小西瓜的品种不变，其他特征特性也不能变。

选择既耐低温、又耐热、生长势强、后期不早衰的葫芦、瓠瓜作小西瓜砧木。选择这类的砧木嫁接后，一方面不会影响小西瓜的品质，还会使小西瓜的含糖量增加；另一方面选择耐热、不早衰的砧木，可以避免因春大棚后期温度过高，出现植株过早面黄，导致小西瓜还没有成熟，植株就死亡的现象出现；再有，春节大棚小西瓜栽培，要收获2～3茬瓜，从3月中下旬，一直到7月初才结束。这就需要砧木一定要抗早衰的品种。另外，还可选西葫芦类型的品种，作为小西瓜砧木（西葫芦类）。

(5) 确定定植期。

春大棚要实现种植一次收获三茬的目标，就必须做好提早定植的准备，定植期一般华北地区在3月中旬左右，定植的标准为低地温和棚内的气温都要稳定通过15℃，根据标准确定定植期。

为此，要提早扣棚膜，提早整地，提早嫁接育苗。定植后为了能尽快生长，提高大棚的保温性，特别是加强大棚内夜间保温性是非常重要。为此，进行双层或三层覆盖。即在大棚内用薄膜加盖二层幕，定植后当天再加盖小拱棚，还可以在小拱棚上加盖草苫。白天在晴天的情况下，在上午 8：30，将二层幕、草苫、小拱棚揭开，有利于大棚内温度升高，使定植的西瓜苗充分见光，有利于缓苗；当遇到阴天时，没有二层幕的，可将小拱棚上草苫揭开，小拱棚适当晚揭。有二层幕的大棚，除二层幕外，小拱棚白天及时揭开。

(6) 整枝与留果。

摘心整枝。4～5 片真叶时摘心，4 蔓整枝，选择 4 条生长相近的蔓平行生长，摘除其余蔓。前期打杈不宜过早，让侧枝长出 15～20 厘米，再打掉，让根系充分发育。当 4 条蔓 45 厘米左右时，出现雌花可以进行授粉留果。4 条蔓留 3 个果，1 条作为营养枝。当 3 个果实定个时，即果实大小不再生长时，4 条蔓上再出现的侧枝就不需要再打掉了，所有的侧枝上出现的雌花进行授粉，进入第二批坐果期。当第二批小西瓜授粉结束后，第一批小西瓜即可进行收获，即 5 月 20 日左右；当第二批小西瓜生长 16～18 天时，又进入定个期，再进行第三批授粉，第三批小西瓜授粉结束后，第二批小西瓜进入收获期，6 月中旬左右；第三批收获期在 7 月 2 日至 7 月 5 日。

(7) 生长期温湿度的调节。

①温度的调节。缓苗后，地温不断升高，保持低温不低于 18℃，白天大棚内气温保持在 25～28℃，夜间气温保持在 15～18℃。大棚内的温度升高到 30℃以上时，打开大棚的上风口，进行通风降低棚内温度，进入 4 月后，可以将大棚内二层幕、小拱棚及草苫去掉，进入大棚的正常温度管理。4 月中旬左右进入西瓜授粉期，白天温度控制在 25～28℃，夜间在 15～18℃。授粉结束后，进入膨果期，提高温度，白天温度在 30～32℃，夜

间18℃左右。到收获前10天，要增大昼夜温差，白天温度控制在30～32℃，夜间在15℃左右。

②湿度的调节。前期温度低、湿度大，幼苗缓苗慢，易上病，应加强通风降低湿度，减少病害的发生。晴天时，大棚内的温度升高到30℃以上时，打开大棚的上风口，进行通风换气，降低湿度。即使在阴天时，中午前后也要进行通风降低湿度。

(8) 水肥管理。

①缓苗水。一般定植后3～5天再浇定植水，这次水也叫缓苗水。

②甩蔓水肥。当小西瓜生长到8片叶就进入了甩蔓期。这时结合灌水施一些速效肥，如尿素和硫酸钾，每亩施尿酸10千克，硫酸钾5千克。

③坐果前灌水。如甩蔓水灌得充分，就可不必灌这次水。如表现缺水症状就可灌这次水，但水不宜过大。

④膨果水肥。授粉结束，即果实长到鸭蛋大小，及时灌膨果水肥。这次水肥要充足，尿素每亩10～15千克，硫酸钾5～8千克。

⑤定果水肥。当第一批小西瓜果实长到一定大小时，停止生长，就叫定果。定果后4～5天可浇一次水肥。这次的肥水不要过大。一般每亩施尿素5～7千克，硫酸钾7千克。直到收获，不再灌水。也就是说，不管是保护地大棚、温室、中棚，还是露地小棚、地膜栽培的西瓜，在收获前7～10天要停止灌水。第二批小西瓜授粉结束后，即第一批小西瓜定果时浇的定果水，也就是第二批小西瓜的膨果水肥。当第二批果定果时，所施肥灌水时，也是第三批果实的膨果水肥。每次膨果水肥施肥量与第一批定果时施肥量相同。

(9) 授粉时间的掌握。

小西瓜要人工授粉。一般是在早晨6～10时授粉结实率最高。第一批小西瓜生长前期处在早春阶段，气温比较低，阴天较多，授粉时间过早花粉不易裂开，一般授粉时间不宜过早，在太阳出来后进行授粉，即早晨8时至10时30分。如阴天时可以延长到11时前后；第二批果实授粉时，气温较高了，授粉时间可以提前，早晨在7～10时；第三批果实授粉时正处于高温季节，中午时气温达32℃以上，对授粉很不利，所以，尽可能提早授粉。早晨在6～9时进行授粉。

（10）产量。

第一茬为3个果，单瓜重为1.5～2千克，单株产量为4.5～6.0千克，每亩450株，每亩产量为2 025～2 700千克；第二茬，每株结4～5个果，每个果重量为1.8～2.0千克，亩产量为3 645～4 050千克；第三茬，每株结果数3～4个，每个果重平均在1.5千克左右，亩产量为2 025～2 700千克。三茬亩产量在7 695～9 450千克。

（11）防病方面应注意的问题。

①种一次收三茬小西瓜生长期长，第二茬西瓜不再整枝，造成枝叶繁茂，蒸发量大，湿度高，后期温度不断上升，造成了湿度大、温度高这样一个有利于病害发生的环境。对此，严格加强田间管理的同时，还应注意防止病害的发生。在这种环境下，小西瓜最易发生炭疽病，第二茬结果后要加强病害的防治，药剂防治可选用50％甲基托布津1 000倍液、75％百菌清可湿性粉剂600倍液、50％扑海因可湿性粉剂1 000倍液、50％多菌灵可湿性粉剂500倍液、50％速克灵可湿性粉剂2 000倍液或65％代森锌可湿性粉剂500倍液。每7～10天喷药1次，连续使用3～4次。注意喷药时选择气温低时进行，防止药害发生。

②病毒病发生。第三批果授粉后，气温不断升高，空气干燥，蚜虫、白粉虱等虫害进行传播病毒，很容易造成病毒病的发生。这一阶段加强虫害防治的同时要注意大棚的通风降温措施。利用防虫网、黄板诱杀的生物防治方法进行防治蚜虫、白粉虱的

发生，同时结合一些化学农药进行防治。如吡虫啉 2 000～3 000 倍液；毙虱狂烟剂每亩 200 克烟熏；蚜虫清烟剂每亩 200 克烟熏；2.5%联苯菊酯乳油（天王星）1 500～2 000 倍液对成虫有较好的防治效果；2.5%溴氰菊酯 1 000～1 500 倍液；25%灭螨猛乳油 1 000 倍液；2.5%功夫菊酯乳油，20%灭扫利乳油 2 000 倍液；90%万灵可湿性粉剂 2 000～2 500 倍液喷施都有较好的防治效果。还可用阿维菌素 1.8%乳油 33～50 毫升/亩、菜喜 2.5%悬浮液 1 000 倍液；可用美除 1 000 倍加阿克泰 2 000 倍等药剂防治效果比较好，每隔 7 天施用 1 次药剂。

（12）经济价值。

近几年来，流通体系不断完善，市场繁荣，南北方水果随着运输业的发展，不存在淡季的问题。再有，随着家庭人口变少，人们生活水平不断提升，西瓜不仅仅发挥消暑、降温、止渴的作用，它已成为人们餐桌上茶余饭后不可缺少的重要水果之一。这就要求西瓜要有较高的品质和风味，小西瓜就具备了人们所需要的高风味、高档次的水果。每千克小西瓜从产地出售价格为 6 元/千克。每亩三茬产量按最低的计算 7 695 千克，每亩经济收入为 46 170 元。而大西瓜每亩产量在 3 500～4 500 千克，每千克平均售价为 1.6 元，每亩产值 5 600～7 200 元。每亩小西瓜价值要比大西瓜多 38 970～40 570 元。所以，小西瓜的产值远远超过普通大西瓜。

4. 日光温室小西瓜早熟、优质、高效栽培有哪些技术措施？

（1）栽培季节。

日光温室设施投资大、生产成本高、管理技术要求严格。所以，日光温室是一种高投入、高产出的保护地设施，也是高风险的农业。必须利用好日光温室，使之发挥最大的效益。小西瓜作为日光温室早春栽培的高效作物，是非常好的选择。栽培技术简单、生长期短、见效快。作为早春栽培的小西瓜重要的是选择栽培季节及上市时期。

日光温室小西瓜栽培即将选择的原则：在保证西瓜能正常生长的温度条件下，尽早栽培、早上市，效益最高。西瓜能够生长的温度不低于15℃。一般2月中旬日光温室最低温室在15℃左右，可以满足西瓜生长。选择2月中旬定植西瓜，3月下旬授粉，4月底、5月初收获。

(2) 种植前应做的准备。

①品种的选择。对春季保护地栽培的小西瓜品种要求：首先，坐果性好，耐低温能力强，具有连续坐果能力，品质优、皮薄、可食率高、口感好、无纤维、籽少的品种。

具有以上特性的品种有：早春红玉（日本）、拿比特、好运来、马可波罗（日本）、红小玉、黄小玉（日本）、黑美人（中国台湾农友）、京秀、京兰、秀丽、秀美、秀雅等。

②基肥准备。由于早春红玉、拿比特、好运来、马可波罗、京秀、秀丽、秀美、秀雅等品种生长势较强，在施肥时应注意施肥量不要过多，特别是氮肥，否则会因植株生长过旺而导致雌花生长不良，影响坐果及产生果皮增厚等不良现象。基肥以腐熟的牛粪堆肥配合适量的化学肥料为宜，每亩可用硫酸钾复合肥30～35千克、硫酸钾10～15千克、过磷酸钙35～40千克、腐熟有机肥1 000～2 000千克。土壤肥沃或前作物残效肥较多的田块应适量减少肥料用量。基肥施用的原则是宜少不宜多。

③整地。浇足底水后将腐熟有机肥均匀施于土面，然后深耕、碎土，再将化肥均匀撒施于土面、耙平、起畦。作畦要求：跨度6米的大棚也可以做成4个畦，行距为1.5米，小高畦，高10～15厘米，畦上宽为60厘米，下宽为80厘米，沟宽为70厘米，双行定植。12米跨度的大棚，可以按双行定植，作8个小高畦。或按1.5米的行距作畦，双行定植。

(3) 整枝与留果。

由于小西瓜前期长势弱，果形小，适宜留多蔓结多果，故以轻整枝为原则。留蔓数与种植密度有关，密植大时留蔓数少，稀植时留蔓数多。具体方法有两种：①摘心整枝。2～3 蔓整枝的，于 4～5 片真叶时摘心，子蔓抽生后保持2～3 个生长相近的子蔓平行生长，摘除其余子蔓。②留主蔓整枝。保留主蔓，同时在基部留 2 个子蔓，摘除其余子蔓和孙蔓，最后保留连同主蔓共留 3 条蔓。该法的优点是主蔓顶端优势始终保持，雌花出现早，能提前结果，早上市。也可单蔓整枝，但要增加密度，每亩 2 500 株左右。

(4) 上架及绑蔓。

瓜蔓长到 50 厘米左右时，开始绑第一道蔓，先将瓜蔓向一侧进行盘条后再上架，以后每隔 5 叶引蔓 1 次，一般每根茎蔓绑 4～5 道即可。注意不可绑得太紧，但要绑牢，为了压缩蔓的高度，绑蔓时可将蔓按 S 形上引。

(5) 坐瓜及合理留瓜。

以主蔓或侧蔓上第二、三雌花坐瓜为宜。三蔓整枝留 2 个瓜，双蔓整枝留 1 个瓜，单蔓整枝留 1 个瓜。为了提高坐瓜率，在雌花开放时，应进行人工辅助授粉。特别是在早春日光温室种植，气温低、光照弱、昆虫少的情况下，更应进行人工辅助授粉。如果连续阴雨，花粉量少时，可使用适宜浓度的坐果灵（如沈农 2 号）进行蘸花促进坐果，同时进行人工授粉，利于果实膨大，但浓度不宜过大，以免形成畸形、裂瓜等。

(6) 小西瓜吊蔓栽培果实不脱落的方法。

当幼果长到 0.4 千克左右时，一般用塑料网或白色塑料袋套上，或用塑料绳系在瓜柄处，固定在架上即可。

(7) 田间管理因注意的问题。

①温度、湿度的管理。因栽培季节正处于日光温室低温高湿的情况。管理技术要求严格。

为了提高地温，在定植前一周开始整地、作畦、扣地膜。定植后，日光温室密闭 5～7 天，目的是为了提高温室内的气温和低温，白天温室管理范围在 28～35℃，夜间在 15℃以上，促进提早缓苗。7天后，浇定植水，注意放风，降低温度，白天28～30℃，夜间15℃左右。同时降低温室内的湿度，防止病害的发生。当进入授粉阶段时，要适当降低温度，白天25～28℃，夜间15℃左右。到授粉结束，进入膨果阶段时，提高温度，白天28～32℃，夜间15～20℃。定果期，即果实大小不再膨大，进入糖分积累阶段。这时温度管理要求适当降低温度，白天控制在25～30℃，夜间控制在15℃左右。湿度的控制是靠通风来调节。每天早晨当太阳升起后，日光温室外保温草苫或保温被打开后，首先打开风口30～40分钟，把一夜温室内的浊气放出。然后，避上风口，待温度升高到30℃以上，再次打开风口，使温室内的水蒸气散出室外，从而降低温室内的湿度，减少病虫害的发生。

②水肥管理。

A. 膨果期水肥管理。日光温室栽培小西瓜由于定植期在2月中旬，外界气温低，光照强度弱，光照时数短，蒸发量小，前期需水量不大，定植后5～6天浇1次定植水，授粉前再浇1次水，这次水不要过大，以免生长势过强，影响坐果。如果有滴灌条件下，容易控制水分。在底肥施用充足的情况下，直到授粉结束后进行施肥，即膨果肥。膨果肥的施用：在人工授粉7～10天后，果实长到鸭蛋大时，重施1次膨大肥，每亩用45%硫酸钾10千克，或三元复合肥20～25千克，加尿素15～20千克，距苗10～15厘米，或在小高畦下面正对西瓜定植苗处，进行开穴或开沟追肥。在施用膨果肥同时进行灌水，这次水称为膨果水。

B. 定个期水肥管理。当西瓜长到一定大小时，果实不再继续膨大了，这时西瓜进入积累糖分时期，这个时期需要充足的水分和养分，进行追肥浇水。重施钾肥，少施氮肥。每亩施用45%硫酸钾20千克，尿素10千克。使用方法：首先用水把肥料融化，结合灌水进行冲施。这一水肥后，基本上到收获不再给水给肥了。如果是沙质土壤，温度高，在收获前再补充1次水，这次水不要过大，以免造成裂果现象。

5. 秋季小西瓜栽培应注意哪些技术问题?

(1) 品种的选择。

秋季温度越来越低，光照越来越弱，坐果能力越来越差，需要在选择品种时避免选择晚熟、生长势强、不易坐果的品种。选择早熟、抗病性强、耐弱光、生长势较弱、易坐果的品种。主要有小果形的品种，如黑美人、早春红玉、黄晶、特小凤、密黄、黄小玉、宝冠、川蜜1号、丰乐种业的秀丽、秀美、秀雅、小天使等。

(2) 秋季小西瓜栽培育苗与春季育苗的不同之处。

①采取营养钵遮阴育苗。7月中下旬育苗，营养土用65%经灭菌的田土和35%充分腐熟的堆肥，加入1%左右的三元复合肥(15∶15∶15)及少量防病治虫药物，充分拌匀后堆制即可。播种前先浸种催芽，将出芽后的种子播于营养钵中，每钵播1粒，胚根向下，覆1.0厘米厚的疏松细土。及时搭棚盖农膜和遮阳网。高温天气上午10时至下午16时用遮阳网覆盖，以防强光灼苗。低温阴天不需覆盖遮阳网。雨天盖农膜防雨淋，雨后撤去，防高温伤苗及徒长。

②苗期主要病虫害有立枯病、猝倒病、蚜虫等。可用百菌清600倍和代森锰锌1 000倍混合液或乐果加卡死克1 500倍连续喷2次，5～7天1次，注意掌握水分，宁干勿湿。

(3) 选地施肥。

秋季小西瓜栽培，前期定植后，正处于雨季，在地块选择上，要选择土层深厚、透气性好、疏松肥沃和排灌方便的地块建大棚，定植前深翻土地，结合翻地亩施腐熟的优质有机肥2 500千克、饼肥100千克、硫酸钾40千克。

(4) 合理密植。

当西瓜苗长出2片真叶后即可定植。定植前搭建好大棚，盖好大棚薄膜。双行大小行栽培，大行距为90厘米，小行距为60

厘米，株距40厘米，每亩定植1 500～1 650株，定植后覆盖地膜。

(5) 定植后的管理。

①整枝、吊蔓、吊瓜。待西瓜长到3～4片叶时，摘心留蔓，双蔓整枝，主蔓结瓜，若主蔓受损，则选侧蔓结瓜。结瓜部位离基部1.0～1.2米处（第二、三朵雌花）。当瓜蔓长到30厘米时，要系吊绳以扶持其向上生长。细绳的一端系在瓜苗的基部，另一端系在棚架上。将瓜蔓缠绕在细绳上，使瓜蔓向上生长，以后每隔1～2天将瓜蔓向上缠绕1次。当西瓜长到鸡蛋大小时，选留1个生长健壮、果形完整的瓜，其余摘除。同时，当瓜蔓从结瓜处再向上伸长80厘米时摘心控长，以促营养积累。当西瓜长到0.5千克时，要用网兜及时将果实兜住，以防果实坠落。

②温度。西瓜适宜生长温度为25～32℃，夜温不低于18℃。前期气温较高，要将棚膜推上棚顶。当进入果实膨大期后气温渐凉，此时要根据实际气温情况和温度要求，进行大棚温度管理。

③水肥。伸蔓初期，每亩施三元复合肥25千克。果实膨大期要追肥灌水，提高品质和产量，亩追施复合肥20～25千克、尿素10千克、硫酸钾10千克。临近收获时期切忌高温高湿，否则会造成西瓜糖度下降，商品性差，且不耐贮存。

④授粉。为提高西瓜坐果率，最好人工授粉。授粉一般在上午6时进行，1朵雄花授2朵雌花。

⑤病虫害防治。秋季小西瓜栽培，前期温度高，湿度大，病虫害易发生，要注意防治病虫害。大棚虫害以红蜘蛛为主，可用73％克螨特1 500倍液防治，病害主要有炭疽病、枯萎病、霜霉病、白粉病。防治措施：一是在栽培期间促进通风，尽可能降低棚内湿度；二是适时用药防治。炭疽病、霜霉病、白粉病分别用甲基托布津、瑞毒霉、粉锈宁防治，枯萎病用甲基托布津和瑞毒霉各50％加水100倍涂基部，每10～15天涂1次。

(6) 采收应注意的问题。

适时采收。秋季小型西瓜从授粉到成熟一般为 28～35 天。成熟时温度下降，小西瓜皮薄易裂开，因此，当瓜长到八成熟时，要适时采收。一般吊蔓栽培小西瓜亩产可达 2 500 千克，产值 4 000 元。

6. 南方秋季小西瓜种植应采取哪些技术措施?

湖南省种植的西瓜多为 7 月份上市的中熟品种。据不完全统计，每年 7 月省内有 150 万～180 万吨西瓜集中上市，造成短期市场供大于求，滞销价跌，部分地区出现卖瓜难和烂瓜现象。而 7 月份以前和 8 月份以后的西瓜市场卖价好，一般高出几倍。但到秋季基本上无西瓜上市。

为解决西瓜成熟集中问题，满足市民 10～12 月份（中秋、国庆、元旦）对西瓜的需求，湖南省瓜类研究所经过 20 多年努力，已培育出小玉红、红小玉、黄小玉、金福等 5 个小果型礼品西瓜 F_1 代杂交新品种。2001 年，上海、北京、湖南等省市推广近 2 万公顷，均获得了较高的经济效益。现将秋季小果型西瓜（秋西瓜）栽培技术介绍如下：

(1) 品种的选择。

西瓜在高温、高湿条件下易感病、难坐瓜。因此，秋西瓜要选择早熟、优质、抗病、耐高温及高湿、雌花着生较密、易坐瓜、丰产性能好的西瓜品种进行栽培，如黄小玉、红小玉、金福等小果型西瓜品种。

(2) 选地、整地施肥。

①选地。选择能灌、能排、通透性良好的沙壤土。早稻—秋西瓜模式，早稻要求在 7 月 20 日以前收获。春西瓜—秋西瓜模式，要求前茬西瓜地未出现过枯萎病的地块。

②整地施肥。前茬作物收获后要及时灭茬，翻耕晒垡，整厢，并按要求开沟，施基肥。每亩施腐熟有机肥 1 500～2 000 千

克，三元硫基复合肥 30～40 千克，与土拌匀后，整成规范的瓜畦。

(3) 育苗。

①播期。一般在 7 月中旬至 8 月中旬播种，10～12 月西瓜上市。恰逢中秋、国庆、元旦三大节日，西瓜供应正处于紧缺时期，且气温高，秋西瓜的经济效益十分可观。

②苗床准备。应采用育苗移栽，苗床选在瓜田附近地势高的地方，可采用营养钵育苗和土块育苗。土块育苗方法是：每亩需苗床 12 米^2，以苗床宽 1.2 米、长 10 米为宜。育苗营养土以 6 份肥沃的未种过西瓜的田泥土加 4 份腐熟的猪牛粪混匀过筛，每立方米营养土加 1.5％辛硫磷颗粒剂 0.5 千克，50％多菌灵可湿性粉剂 100 克，再加 1∶1∶1 的氮、磷、钾三元素复混肥 3 千克，充分混合均匀，加水调制成糊状，置入苗床，然后用刀片划成 10 厘米×10 厘米见方的营养泥块，刀口处应撒少许细沙，在每块营养泥块中央用手指点深度为 0.5 厘米的 1 个穴，苗床四周用土围好。

③种子处理。播前将种子在阳光下晒 1 天并精选。用 55℃ 的热水烫种并不断搅拌，保持 10 分钟后，加水降至 30℃，浸种 4 小时。浸种后可用饱和石灰水去滑，然后洗干净，无籽西瓜种要人工破壳，然后催芽。催芽温度：有籽西瓜种为 30～32℃，无籽西瓜种为 32～35℃。

④播种。当西瓜芽长达 1 粒米长时播种，将出芽后的种子播于营养钵中，每钵播 1 粒，胚根向下，覆 1.0 厘米厚的疏松细土。及时搭棚盖农膜和遮阳网。高温天气上午 10 时到下午 16 时用遮阳网覆盖，以防强光灼苗。低温阴天不需覆盖。雨天盖农膜防雨淋，雨后撤去，防高温伤苗及徒长。

⑤苗床管理。播种后为防止苗床表土干裂并利于瓜苗出土，用草平铺在苗床上，待有 1/3 瓜种顶土出苗时，取走覆盖物。插竹弓，盖 20 目以上的纱网防蚜虫、黄守瓜，暴雨来临前及时覆

膜，防止雨水进入苗床，晴后揭膜，在苗床上方用遮阳网或草遮阳防晒，早、晚揭开遮阳网等物炼苗。苗床干裂缺水时可用喷壶于早晨洒水一遍，但不能灌大水。无籽西瓜出苗70%时要及时进行“取帽”，并连续进行2～3天。

苗期主要病虫害有立枯病、猝倒病、蚜虫等。可用百菌清600倍和代森锰锌1 000倍混合液或乐果加卡死克1 500倍连续喷2次，5～7天1次，注意掌握水分，宁干勿湿。

(4) 定植与地膜覆盖。

①定植。当苗龄达10～15天并有2片真叶时，即可起苗定植，应尽量不伤根，畦面用耙子耙平后，采用立架栽培。单行种植的行距1.0～1.2米，株距0.5米，每亩栽植1 300株左右；双行种植的行距2.2米，株距0.6米，每亩栽植1 200株左右；爬地栽培，行距2米，株距0.5米，每亩栽植700株左右。

②地膜覆盖。瓜苗移栽并浇定植水后，随即覆盖地膜，覆膜时在瓜苗正上方用刀片划一“十”字形口，将瓜苗取出，瓜苗四周及畦两侧用土压膜，做到盖紧、盖严、压实，使膜紧贴地面，以免伤苗。可防止地下水蒸发、肥料流失、杂草生长，预防和减轻病虫为害。

(5) 栽后管理。

同秋季小西瓜定植后的管理。

7. 如何进行草莓套种小型西瓜高效栽培新模式?

(1) 发展草莓套种小西瓜的原因。

随着设施面积迅猛快速的发展，设施种植结构的不断变化，种植种类也在发生变化。特别近些年，设施草莓面积不断扩大，全国设施栽培草莓面积越来越大，上海、浙江地区设施栽培草莓面积就有35万～40万亩，四川地区有20多万亩，广州地区草莓面积5万亩左右，河北地区10多万亩，东北地区有十几万亩，北京地区到2012年设施栽培草莓面积将达2万亩。全国设施草莓面积已达 82 万～100 万亩。草莓也成为设施农业发展一个不可缺少的种植种类。但是，草莓一年只能种一茬，设施利用率不高；再加之草莓面积越来越大，投入与产出比越来越大，收入也就随之降低。为了更好地利用设施，提高利用率，增加草莓的附加值，从 2006 年起进行了草莓与小西瓜、甜瓜、黄瓜、西葫芦、番茄等套种试验。通过试验，确定了最佳套种蔬菜种类、最佳套种方法、最佳套种播期、最佳套种施肥灌水方法等。

（2）技术要点。

①调整栽培季节。草莓采收季节在 12 月中下旬至翌年的 3 月中、下旬是最佳收获期。到 4 月中下旬，草莓产量降低，价格急剧下降，收获时劳动成本又很高，所以收入很低。为了增加草莓的附加值，采取草莓套种礼品小西瓜来增加附加值。方法是在 2 月中、下旬播种西瓜，进行育苗，3 月中下旬定植，4 月下旬开始授粉，5 月底至 6 月初开始收获。

大棚定植期温室栽培方法：避开草莓与西瓜管理温度不一致的矛盾。因草莓结果期要求的温度在 15～20℃，而西瓜在定植到缓苗期要求在 18～30℃。采取避开草莓盛果期对温度的要求，草莓盛果期过后，日光温室内地温不断提高，到 3 月中、下旬日光温室内地温达到 20℃左右，气温也不断上升，日光温室内最低温度在 15℃以上，白天在 25℃以上，定制的西瓜与草莓管理可以兼顾。这种定制期称为大棚定制期温室栽培方法，收获期可以早于大棚。

②套种。隔行套种：草莓每亩种 95 行左右，即 80～90 厘米一行，草莓行间距比较窄，虽然草莓后期产量低，价格也低，为了保障草莓后期还有收入，避免西瓜给草莓遮阴，及西瓜行间距过小，造成通风透光性差，采取西瓜每隔一行套种一行的方法，每亩套种 670 株左右。

品种：选择耐低温、弱光、易坐果、经济效益高的小型西瓜。

③整枝、吊蔓。整枝采取双蔓或三蔓整枝，留 1～2 个果，吊蔓方法。可以有效地利用空间，在单位面积内进行合理的密度。双蔓整枝，即 1 条主蔓 1 条侧蔓。三蔓整枝有两种方法：一种是，主蔓加 2 条子蔓。另一种是，植株长到 4～5 片叶时，打掉顶尖，出现的侧枝，选择 3 条健壮的侧枝留下，其余的侧枝去掉。双蔓整枝：当主蔓长到 45～50 厘米，侧蔓 30 厘米时，开始吊蔓。主蔓向下盘，使侧蔓与主蔓高度一致。当两条蔓上再出现的侧枝全部打掉，主蔓结瓜。三蔓整枝，2 条蔓一起吊，1 条留在地上，当地上的侧枝长到 100 厘米左右进行闷尖。也可采取 3 条蔓一起吊的方法。3 条蔓，坐 2 个果。

④田间管理应注意的问题。

A. 整枝打杈。三蔓、双蔓上出现侧枝长到 15～20 厘米时全部打掉。及早去掉侧枝，抑制根系发育。坐果后，如植株长势不旺，就不闷尖；如长势很旺，坐果后应及时闷尖，在顶端留一侧枝。

B. 留果。双蔓整枝，留 1 个果，若长势旺，可在主侧蔓各留 1 个果。主蔓选择在第三个雌花坐果，侧蔓为第二个雌花坐果；三蔓整枝，留 2 个果。主蔓为第三个雌花坐果，侧蔓为第二个雌花坐果。

C. 肥水管理。作为草莓套种小型西瓜，草莓底肥施用很大，每亩草莓施用有机肥在 5～8 米^3，再加之追肥，足以满足小西瓜的需要。所以，小西瓜在整个生育期内不再追肥。水分管理：由于草莓种植的日光温室内的地面全部用地膜覆盖，水分蒸发量很小，所以小西瓜只在定植时，浇 1 次定植水，直至收获不再浇水。

（3）草莓套种小西瓜高效栽培模式的前景。

①有效利用日光温室，增加草莓附加值。草莓一年只能种一茬，设施利用率不高，仅在每年 8 月底至翌年 4 月中旬；再加之草莓面积越来越大，投入与产出比越来越大，收入也就随之降

低。套种小西瓜可以提高种植草莓设施的附加值，每亩小西瓜套种 670 株左右，平均每株坐果在 1.2～1.5 个，每个果重在1.5～2.5 千克，每千克价格 6 元，每个果收入 7.2～15 元，每亩 804～1 005 个西瓜，每亩收入在 5 788.8～15 075 元。目前就北京市地区全市 2 万亩日光温室要全部套种小西瓜，年附加值就可达到 1.15 亿～3.01 亿元的收入。全国设施栽培草莓面积近 100 万亩，年附加值可达到 57.5 亿～150.5 亿元，不失为农民增收致富的好方法。

②节约肥水。由于草莓底肥十分充足，全地膜覆盖，保肥、保水性非常好，西瓜根系发达，吸收水肥能力很强，不需要大水。从西瓜定植时，浇一次定植水后，直到收获基本上不再灌水和施肥。草莓的水分就足够西瓜用。

③栽培方法简便宜行，管理省工套种株数少，施肥灌水次数少，节省了很多用工。

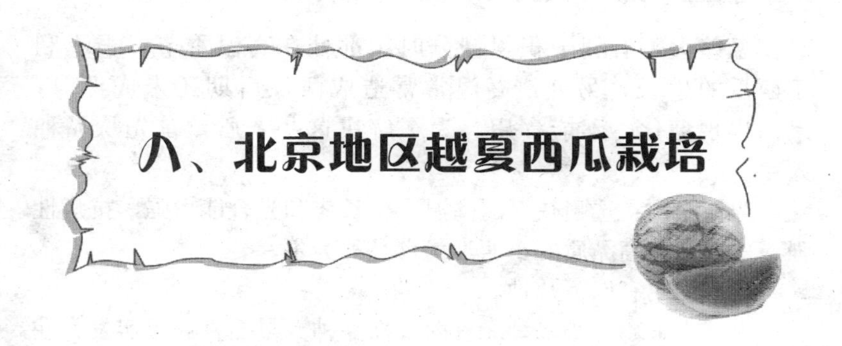

八、北京地区越夏西瓜栽培

1. 高产优质越夏西瓜在选地块上应注意什么？

一定要选择地势高燥、排灌条件良好，土层深厚、土质肥沃的沙质壤土建造大棚栽培。

2. 整地施基肥有哪些要求？

因夏季雨多、昼夜温差小，苗期易徒长，肥料易流失，应以有机肥为主。翻犁后，亩施用优质土杂肥 5 000 千克、三元复合肥 20～30 千克作基肥，再整成宽 1.6～1.8 米、高 15～20 厘米、畦上部宽 60～70 厘米的小高畦。

3. 为什么要用银灰色反光地膜覆盖小高畦及行间覆盖稻草？

因高温多雨极有利于病虫害尤其是蚜虫的发生和传播，用银灰色反光地膜覆盖可驱避蚜虫和减轻病毒病危害，同时还能降低地温，稳定土壤墒情，减轻养分流失，并防止土壤板结。覆盖稻草可有效降低地温，防杂草滋生及利于保湿。

4. 越夏栽培西瓜应选哪些品种？

北京从 6 月份后进入高温季节，白天温度达 34～37℃，夜间在 20～25℃。夏季西瓜生长期正处在高温季节，特别是西瓜花芽分化期需要的是低温长日照，到西瓜膨大期，需要昼夜温差大，有利于积累糖分时，都处在高温季节，很不利于西瓜的生长；另外，高温常常造成西瓜后期还未成熟时，果肉出现糖化，不能食用。为了解决这些矛盾，首先从品种入手。

选种原则：选耐热、耐高温、生长势和光合能力强、抗病性强、皮较韧、高品质的小西瓜优良品种为主。

品种主要有以下几种。

无籽小金玲：小果型无籽西瓜新品种。早熟种，果实发育期28天左右。高圆果，果皮黄色覆金黄色细条带，瓤红，中心含糖量12.0%左右，口感好，平均单果重2.0～3.0千克，皮硬，耐贮运。

丰乐无籽2号：中早熟种，长势稳健，极易坐果，绿皮覆绿隐窄条圆果，瓤红、质紧脆，品味好。

丰乐无籽1号：中熟种，长势稳健，易坐果，绿皮窄条带圆球果，瓤红、质脆、味甜、品质好，平均单果重7千克左右，平均亩产3 500千克左右。

另外还有黑美人、早春红玉、京秀、墨童、蜜童、京玲、密黄、宝冠、川蜜1号等小西瓜品种；京欣1号、京欣3号、京欣无籽、无籽西瓜暑宝等中型西瓜品种。

5. 如何确定越夏西瓜的播种期？

根据供应期确定育苗期。供应期从7月中旬至8月中下旬。采用嫁接育苗，播种期分别为4月中旬、5月初、5月20～25日。

6. 越夏西瓜如何嫁接育苗？

（1）砧木的选择。

越夏西瓜嫁接一般不能用南瓜作砧木，主要因夏季温度高，易造成西瓜营养生长过旺，不易坐果；其次，因为大部分夏季西瓜品种采用的小型西瓜品种，生长速度快，对西瓜品质影响非常大。一般情况下，选择对西瓜品质影响小的作砧木，如要选择不易早衰，抗急性凋萎病的葫芦、瓠瓜作为越夏西瓜砧木。

（2）嫁接方法。

①插接法。作为插接方法，砧木提前播种，播种在营养钵内，待2片子叶完全展开后，播种接穗；当接穗2片子叶完全展开后，砧木已长出1叶1心，这时达到插接标准。

②靠接法。靠接法又称舌接，砧木和接穗自苗床拔取时，二者的根系均应保留，或用营养钵育苗，同时播种在一个营养钵内，嫁接时不用拔出，直拉靠近。嫁接时只在砧木胚轴离子叶1厘米处，用刀片作45°向下削一刀，深及胚轴的1/3～1/2，长约1厘米；在接穗的相应部位向上斜削一刀，深度、长度与砧木劈口相等，砧木与接穗舌形切片的外侧应轻轻削去一薄层表皮，将二者的切片相互嵌入，捆扎固定定植在育苗钵内，放置苗床培育。嫁接苗定植时，接口须离土面3～4厘米，避免西瓜接口沾泥生根。经10天左右接口愈合，及时切断西瓜的根茎部分以及去掉砧木的生长点，及时解除捆扎物，以免紧靠接口的下部发生不定根。

（3）影响嫁接苗成活的因素。

①水分管理。插接后的苗需保持100％的湿度；靠接的湿度保持在65％～70％；劈接的湿度保持在90％。

②温度管理。插接和劈接温度管理要求比较严格。温度管理范围18～28℃。靠接苗温度管理范围较宽15～30℃。

③闭光管理。插接、劈接前3天要完全闭光，靠接可接受散射光或不必闭光。

④见光管理。第四天可逐渐见光，降低湿度。每天见光时间加长，到第七天就可把小棚全部去掉。这时已开始长出真叶，已成活。嫁接苗龄45天左右就可定植。

7. 越夏西瓜定植方法是什么？

根据育苗期不同，排开定植期，5月中旬至6月下旬。

定植方法：地爬式栽培在畦一侧按60厘米株距定植，立架式栽培每个小高畦定植2行，株距60厘米，小行距为40～45厘米定植。定植后浇定植水，3～5天后，覆盖银灰色反光地膜，行间覆盖稻草。

8. 越夏西瓜田间管理应注意哪些问题？

（1）调节大棚西瓜温度、湿度。

大棚越夏西瓜生长期正处在高温、高湿季节，易徒长，难坐果。特别是授粉期间在7月上旬至中旬，一年中温度、湿度最高的时节，最不利于西瓜花粉的萌发和受精，很难坐果，应采取有效措施降低温、湿度。

①降低低温的措施。一是覆盖银灰反光膜，行间铺稻草可以降低低温2～3℃；二是合理灌水降低低温，保持土壤湿润。

②合理利用遮阳网。西瓜授粉期间最佳温度为25～28℃，利用遮阳网可以适当地降低大棚内的温度，有利于西瓜坐果。方法：上午9时开始至下午15时30分期间在大棚外，距离大棚高度20厘米用50％遮阳率的遮阳网进行遮阳降温，可降低温度3～5℃，使授粉期间的温度在26～30℃，达到西瓜正常坐果所需要的温度条件。

膨果期即授粉结束后，西瓜进入膨果期，这时要求的温度在28～32℃，这期间不需要遮阴，把遮阳网放在一侧。当西瓜进入定个期，是西瓜糖分积累期，白天温度过高就会引起西瓜肉质的糖化，这时进行遮阳，降低大棚内的温度。上午9时至下午16时进行遮阴。

③湿度控制。作为大棚越夏栽培西瓜湿度控制十分重要。越夏栽培西瓜大棚的薄膜只覆盖在大棚上部，周围1.2～1.4

米不需覆膜。利用大棚防止雨水的侵入，形成干燥条件，这是防止越夏西瓜栽培过程中温度过大的最有利措施之一；二是利用大棚周围通风条件不仅降低大棚内温度，还有效地降低大棚内的湿度。

（2）合理进行整枝。

夏播西瓜植株生长迅速，应严格进行三蔓整枝，当主蔓6～8节长度约20厘米左右时进行摘心，促进基部侧蔓生长，选留其1～3节上的3条侧蔓齐头并进生长，较容易坐果。

地面栽培三蔓整枝留2个果，选择第二或第三个雌花进行授粉。立架栽培一般是作为小西瓜品种的一种栽培方式。3条蔓可采用2条吊起，1条地爬。也可3条同时吊起，同样3条蔓留2个果。

在雌花开放阶段，如植株徒长，不易坐果时可在雌花前1～2节的节间处用手捏伤，抑制营养生长，促进坐果。

（3）进行水肥管理。

①肥水控制。追肥：夏播西瓜植株生长迅速，生育期较短，在肥水管理上与春秋西瓜具有不同之处。

在施足基肥的基础上，前期（开花坐果前）应控制肥水用量，尽量少施或不施追肥，防止植株徒长，幼瓜坐稳后根据植株长势，如缺肥适时追施速效化肥，坐果后期为防止基叶早衰，可采用叶面喷肥。

幼苗期植株生长弱、不整齐，可对个别弱苗增施“偏心肥”，每株用尿素20～25克或磷酸二铵15～25克。施肥方法：在幼苗一侧15厘米处开穴施入。坐果后，追肥量要适当多一些，并注意施磷、钾肥，每亩可施用三复合肥25～30千克或尿素10～15千克。施肥方法：高畦栽培的在离植株20厘米处开一条深5～8厘米、宽10厘米的追肥沟施入肥料，埋土封沟。结果后期可叶面喷施0.3%的尿素溶液和0.2～0.3%的磷酸二氢钾溶液，每隔5～7天喷1次。

②浇水排涝。越夏大棚西瓜栽培正处在高温季节，蒸发量大，特别是定植后到授粉期间容易出现干旱，及时灌水，保持土壤湿润。到膨果期时，正是雨季，大棚周围要有排水沟，及时把雨水排除，防止雨涝使根系缺氧而导致植株死亡。

(4) 在夏季提高结实率的方法。

夏播西瓜开花结果期正处多雨季节，传粉昆虫活动少，授粉极为困难，加上高温、高湿，难以完成受精过程，因此采取人工授粉。

(5) 护瓜措施。

夏播西瓜果实发育期正值高温多雨、日照强烈，易发生日烧病和烂果，因此必须采取如下护瓜措施：

①地面栽培的西瓜。当幼瓜长到拳头大小时，在靠地面一侧用麦秸、稻草等垫在下面，防止面温度过高，西瓜过早成熟，呈现果肉糖化现象；另外，防止浇水过大，西瓜浸泡而造成果肉“脱水”现象的出现；西瓜果实接触地面部位易感染疫病褐色腐败病，并易受黄守瓜幼虫为害，因此在果实碗口大小时（约开花后15天左右），可在幼瓜铺5厘米厚的稻草，也可垫直径10～15厘米、高4～6厘米的草圈，使果实不会直接接触土壤。

②盖草、报纸遮阴。为了防止烈日晒瓜，在膨大后期至果实成熟阶段地面栽培应在瓜上盖草或用树叶遮阴，也可用瓜蔓盘于瓜顶上将瓜盖住，防晒护瓜。立架栽培：当吊瓜结束后，进入膨果期时，用报纸叠成三角形，覆盖在果实表面上，防止高温、阳光过强灼伤西瓜表皮。

9. 越夏如何进行病虫害防治？

主要的病害有西瓜疫病、白粉病、炭疽病。虫害有瓜蚜、黄守瓜、红蜘蛛、茶黄螨、潜叶蝇。对病虫害防治主要采用综合防治措施，嫁接育苗提高植株抗病能力，土壤消毒，降低湿度、温度等措施降低病害发生。病害一旦发生及时药物防治。

10. 如何确定采收时间?

大棚越夏西瓜栽培，成熟期比春节、秋季要短，一般情况下成熟期短 4～6 天，所以要及时采摘。由于夏季温度高，采收时间选择在早晚为宜。

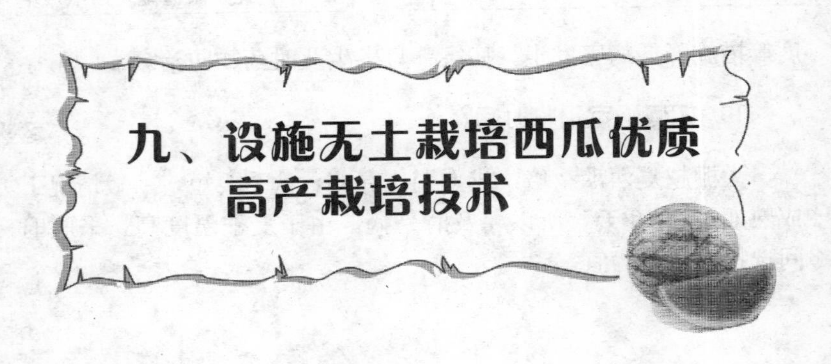

九、设施无土栽培西瓜优质高产栽培技术

1. 为什么要进行设施无土栽培西瓜?

(1) 解决连作障碍问题。

西瓜是一种特殊的作物，由于土传病害，连作问题主要用嫁接方法来解决。但是，随之而来的问题是砧木连作障碍，导致西瓜果腐病、急性凋萎病、根结线虫病等出现，造成西瓜严重减产。近几年来，西瓜果腐病发生在保护地栽培设施内，特别是在山东、河北、北京、浙江、江苏、海南等地最为严重，造成减产达35%～45%，严重的高达85%。为了解决这一连作障碍，除更换西瓜品种、砧木品种外，从栽培方法及栽培技术上入手，进行隔离栽培，才能彻底解决上述问题。

(2) 解决土壤贫瘠问题。

我国有很多地区土壤十分贫瘠，如陕西的西部、甘肃西部、宁夏、山西大同、阳泉等地，土层浅、土壤瘠薄、年降雨量少、水资源匮乏等问题，严重威胁着当地农业的发展。在这些地区采取节约化栽培，即利用当地有效资源，利用隔离栽培方法，解决土壤、水资源等匮乏问题，达到高效农业的开发利用。

(3) 循环农业、生态农业的合理开发。

随着现代化农业的发展，种植结构的调整，农业生产过程中产出很多废料，如秸秆、蔬菜的残枝枯叶、食用菌的下脚料、椰糠、稻壳、中药的药渣、沼气渣等，成为农业的垃圾，造成环境污染问题。为了充分合理利用这些农业附属品，作为基质，进行农业生产，达到保护环境，可持续、高效、再循环利用的绿色农业目的。

2. 设施无土栽培西瓜品种如何选择?

适于保护地栽培的小型西瓜品种应具备早熟、耐湿、抗病、易坐果、品质优、适于密植等特点。同时还要，坐果性好，耐低温能力强，具有连续坐果能力，品质优，皮薄，可食率高，口感好，无纤维，籽少的品种。

具有以上特性的品种有：早春红玉（日本）、拿比特、好运来、马可波罗（日本）、红小玉、黄小玉（日本）、黑美人（中国台湾农友）、京秀、京兰、秀丽、秀美、秀雅等。

3. 无土栽培西瓜可以选用哪些基质?

（1）成本较高的基质。

利用草炭作为主要基质，配合蛭石、珍珠岩等。这种基质特点是富含丰富的腐殖质，营养成分高，配比简单，省工，但成本高，大面积推广利用较困难。

（2）成本低的基质。

①利用秸秆、蔬菜的残枝枯叶经过充分发酵，作为生产西瓜基质的主要原料。成本低，达到可持续、有效循环农业。

②食用菌的下脚料，主要利用生产食用菌的菌棒、菌渣等原料，进行充分发酵，作为基质进行生产西瓜。其营养丰富，是一种低成本、高效的基质。

③椰糠、稻壳、中药的药渣，这些材料经过充分发酵，是一种通透性良好的基质，成本低，取材方便，是南方地区常用的育苗及蔬菜栽培基质。可利用这些基质进行西瓜栽培，也同样收到良好效果。

④沼气渣，是沼气产生后一种废料，可以作为肥料利用，施

入土壤中作为底肥。当前，利用沼气渣来进行隔离栽培，既节省成本，又充分发挥沼气渣中营养成分的作用，是目前无土栽培西瓜的理想基质。

⑤秸秆充分发酵与当地的煤矸石、炉灰渣或细石子等混合作为基质。

(3) 沙培。

利用沙子作基质，用营养液进行无土栽培技术。完全脱离土壤，在沙漠地区最适合。但需要有完善的营养液栽培系统，投资比较大，运行成本较高。

4. 怎样配制基质?

根据不同材料作为基质，有不同的配比方法。

①利用秸秆、蔬菜的残枝枯叶经充分发酵作为基质，以 1 米^3 为单位进行基质配比，每立方米的秸秆、蔬菜的残枝枯叶经过充分发酵，要加入 30～50 千克充分发酵的鸡粪，或圈肥100～150 千克；再加入氮、磷、钾 15∶15∶15 的复合肥 1.5 千克，尿素 1.5 千克。

②食用菌的下脚料作为基质，每立方米加入充分腐熟的鸡粪 30～35 千克，再加入氮、磷、钾（15∶15∶15）复合肥 1.5 千克，尿素 1.5 千克。

③椰糠、稻壳、中药的药渣作为基质，每立方米加入充分腐熟的鸡粪 35～40 千克，再加入氮、磷、钾（15∶15∶15）复合肥 1.5 千克，尿素 1.5 千克。

④沼气渣作为基质，每立方米加入充分腐熟的鸡粪 28～30 千克,再加入氮、磷、钾(15∶15∶15)复合肥 1.5 千克,尿素 1.5 千克。

⑤秸秆充分发酵与当地的煤矸石、炉灰渣或细石子等混合作为基质。每立方米加入充分腐熟的鸡粪 45～55 千克，再加入氮、磷、钾（15∶15∶15）复合肥 3 千克，尿素 1.5 千克。

⑥沙子作基质的营养液栽培西瓜，配制西瓜生长所需的全面

营养的营养液，包括氮、磷、钾、钙、镁等大量元素，还有铜、铁、锌、铬等微量元素。

5. 怎样做无土栽培槽?

（1）利用沙培的营养液栽培的营养槽。

比较费工、复杂，但一次做成后，可长久使用。

①日光温室及大棚的结构要求。日光温室及大棚为一纵管四卡槽6.5米×30米镀锌管拱形塑料大棚，棚中间高3.2米，肩高2.0米，棚顶安装塑料薄膜，棚脚至肩高的拐点处夏秋安装防虫网，以利于通风降温。

②种植槽的结构要求。日光温室以南北跨度做栽培槽，槽宽为60厘米，槽间工作通道宽80厘米，一个70米长的日光温室可做50个栽培槽。大棚内横向设4条8个种植槽，大棚两头及正中纵向设50厘米工作通道，每个种植槽长×宽为14.25米×1米，槽间工作通道宽50厘米。种植槽采用3块砖头平叠放置的形式建成，高约18厘米。叠好的种植槽（非水泥地需将槽内表土压平），再铺1～2层塑料薄膜，厚度0.2毫米，可防营养液渗漏；然后填入栽培沙至满，可用不受污染的河沙，以粒径1.5～4.0毫米的占80%以上的粗沙栽培效果较好。

③供液系统。

A. 蓄水贮液池每个大棚需建1个容积为2米×1.5米×1米的水泥蓄水贮液他，用于配制营养液和蓄水，供滴灌使用。

B. 滴灌装置沙培通常采用开放式滴灌，不回收营养液，为准确掌握供液量，可在每条种植槽内设3个观察口（塑料管或竹筒）。滴灌装置由毛管、滴管和滴头组成，1株配1个滴头。为保证供液均匀，在大棚中部设分支主管道，由分支主管道向两侧伸延毛管。

C. 供液系统供液系统由自吸泵、过滤器（为防止杂质堵塞滴头，在自吸泵与主管道之间安装1个有100目纱网的过滤器）、主管道（φ25 毫米）、分支主管道（φ25 毫米）、毛管（φ15 毫米）、滴管（φ2.5 毫米）和滴头组成。配好的营养液在贮液池由自吸泵吸入流经过滤器，经主管道、分支管道，再分配到滴灌系统，再由滴头滴入植株周围的栽培沙供其吸收利用。

（2）简易基质栽培槽的制作。

日光温室及大棚的结构与沙培一致。按照普通西瓜行距种植株方法一致，进行开沟，开沟深度为 25 厘米，宽度为 60 厘米。栽培槽之间距离为 80 厘米。栽培槽挖好后，用厚度 0.2 毫米的塑料薄膜铺 1～2 层，在沿栽培槽的槽边缘处用砖把塑料膜压住，然后填满上述配制好的基质，在基质上面铺设滴灌带，安装施肥罐。

6. 无土栽培怎样进行田间管理？

（1）茬口安排。

北方地区日光温室栽培西瓜一年两茬，春茬在 1 月初播种，2 月初定植，收获期在 4 月底至 5 月初。夏季种植一茬叶菜类。秋茬，播种期在 7 月 15～20 日，定植在 8 月上旬，收获在 10 月初至 10 月中旬。之后可再种植叶菜类。

大棚栽培西瓜，春茬在 2 月中旬播种，3 月中下旬定植，6 月初收获；秋茬种植，北方地区播种期在 6 月底至 7 月 5 日，南方地区播种期在 8 月底至 9 月初播种，北方地区收获期在 10 月上旬，南方地区收获期在 11 月底至 12 月初。

（2）培育壮苗。

①浸种与催芽。先将西瓜种子用 0.4%福尔马林浸泡 1 小时，捞出用清水洗净，再用清水浸泡 8～10 小时后捞出，并用毛巾将种子表皮的黏液搓掉，用湿布包好，装入塑料袋内，放在人的贴身衣袋，借助体温催芽，经过 12 小时，用温水淋种 1 次，一般经 24～36 小时，大部分种子就可露白待用。

②育苗。一般选用营养袋（钵）或育苗穴盘育苗。先把配制

好的基质填满营养袋或育苗穴盘上的每1穴，用手指打1.0～1.5厘米深的小孔，放入催好芽的种子，每袋（穴）1粒，再用育苗基质盖种；而后用喷雾器或洒水壶浇透水，盖好薄膜，防雨保湿到出苗。日揭夜盖，不定时浇水保湿至移栽。

③西瓜苗长至2～3片真叶时即可移栽定植，每个栽培槽定植2行，株距50厘米，每亩定植种1 500株左右。移栽时须轻拿轻放，挖个穴，取西瓜苗（注意防止散兜）放入穴内，回填好，可不必压实。定植时注意深浅，子叶露出基质表面即可，定植后浇透定植水。沙培时需开启供液系统滴灌供液。

(3) 无土栽培西瓜定植后肥水管理。

①沙培栽培西瓜生长期营养液的管理。营养液配方硝酸钙826毫克/升，硫酸钾607毫克/升，硝酸铵53毫克/升，硫酸镁370毫克/升，磷酸二氢钾181毫克/升，微量元素选通用配方。

沙培栽培西瓜，西瓜所需要的水分、养分完全靠营养液来供应，每株附近都要安装有营养液滴针，来不断供给西瓜整个生育期所需要的营养。当定植到植株甩蔓时，每天供应2次营养液，即上午1次，下午1次，每次20分钟左右。当西瓜进入坐果期时，每天供给营养液的次数增加，每天4次，上午2次，下午2次，每次20分钟左右。在收获期前10天左右，次数不减的情况下，减少供给时间，每次10～15分钟。

②基质栽培的西瓜。由于基质里面含有西瓜所需的大量养分，在肥水管理上与土壤栽培一致，整个生长期一般情况下，需要4次水，追3次肥。定植后，浇1次定植水，这次浇清水，不需施入肥料；第二水，甩蔓水，在西瓜授粉前进行灌水，这次结合灌水进行施肥。施尿素10千克/亩，硝酸钾5千克/亩，或硫酸钾7.5千克，事先用水充分溶解，然后倒入施肥罐内，随着灌水进行施肥；第三水肥，即膨果水肥，尿素7千克，硝酸钾7千克/亩，或硫酸钾10千克，也是要充分溶解后，随滴灌进行施肥灌水；第四水肥，西瓜定个时，进行最后1次施肥灌水，这次以

钾肥为主，硝酸钾 5 千克/亩，或硫酸钾 7 千克，方法与前两次一致。

（4）整枝、打杈。

①摘心整枝。2～3 蔓整枝的，于 4～5 片真叶时摘心，子蔓抽生后保持 2～3 个生长相近的子蔓平行生长，摘除其余子蔓；4～5 蔓整枝的，于 5～6 片真叶时摘心，子蔓抽生后保持 4～5 个生长相近的子蔓平行生长。

②留主蔓整枝。保留主蔓，同时在基部留 2～3 个子蔓，摘除其余子蔓和孙蔓，最后保留 3～4 蔓整枝。该法的优点是主蔓顶端优势始终保持，雌花出现早，能提前结果，早上市。也可单蔓整枝，但要增加密度。

（5）无土栽培西瓜多数采用立架栽培。

西瓜蔓长到 50 厘米左右时，开始绑第一道蔓，先将瓜蔓向一侧进行盘条后再上架，以后每隔 5 叶引蔓一次，一般每根茎蔓绑 4～5 道即可。注意不可绑得太紧，但要绑牢，为了压缩蔓的高度，绑蔓时可将蔓按 S 形上引。

（6）无土西瓜坐瓜及合理留瓜。

一般无土栽培的西瓜品种多采用小型果。以主蔓或侧蔓上第二、三雌花坐瓜为宜。一、二茬瓜每株留 2～4 个，一般 2～3 蔓整枝留 2 瓜。当第一批果实定个后，以后再出现的侧枝就不需要去掉了，每个侧枝进行授粉，都可坐住果。前期，为了提高坐瓜率，在雌花开放时，应进行人工辅助授粉。特别是在早春保护地种植，气温低、光照弱、昆虫少的情况下，更应进行人工辅助授粉。如果连续阴雨，花粉量少时，可使用适宜浓度的坐果灵（如沈农 2 号）进行蘸花促进坐果，同时进行人工授粉，利于果实膨大，但浓度不宜过大，以免形成畸形、裂瓜等。

7. 无土栽培西瓜品质如何？

由于采用无土栽培技术生产西瓜，人为地控制西瓜所需要的营养，更合理、更精确的给予西瓜每个时期所需要的养分。氮、磷、钾营养成分达到均衡，既节约了水肥，又节约了劳动力，并且提高了西瓜品质。无土栽培的西瓜可溶性固形物的含量比土壤栽培的西瓜可溶性固形物的含量高0.8%～1.0%。

8. 无土栽培西瓜为什么是节约化栽培?

(1) 废物利用。

无土栽培的西瓜是利用农业生产中产生的废弃物，如秸秆、蔬菜的残枝枯叶、食用菌的下脚料、椰糠、稻壳、中药的药渣、沼气渣等，作为基质进行无土栽培西瓜。成本低廉，节约能源，节约劳动力，对于保护环境及农业可持续发展、高效利用、再循环等示范有利。

(2) 是解决土壤匮乏、水资源的问题的好办法。

陕西的西部、甘肃西部、宁夏、山西大同、阳泉等地，土层浅、瘠薄，年降雨量少，水资源匮乏等问题，严重制约着当地农业发展。采取这种节约化栽培模式，即利用当地有效资源，利用隔离栽培方法，解决土壤、水资源等匮乏问题，达到高效农业的开发利用。

(3) 节省劳动力，降低劳动强度。

因采取了无土栽培技术，在水肥管理中，采用了滴灌、营养液等方法，不需要人工去操作，大大地节省了劳动力，降低了劳动强度。

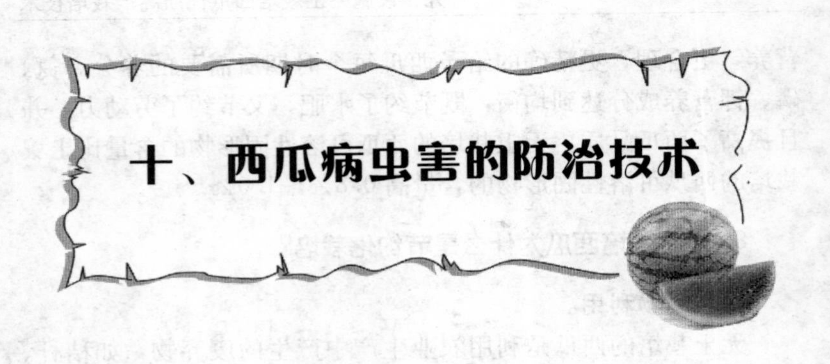

1. 西瓜病虫害防治应遵守哪些原则?

西瓜病虫害种类很多，防治时必须因地制宜，针对不同时期病虫害的种类和发生特点，综合运用农业、物理、化学和生物的方法进行防治，能取得最好的效果。因我国幅员广阔，南北东西的土壤和气候条件差异大，病虫害发生的种类和为害的严重性也不一样，因此在防治方法上各地应该根据当地的具体情况制定具体的防治措施。

坚持以防为主、综合防治的原则。

(1) 农业防治。

①实行轮作。西瓜的枯萎病、炭疽病、猝倒病、疫病等多种病害都是在土壤和田间遗留的病残体上越冬。连作时间越长，土壤里的病害积累量越大，发病越重。尤其是苗床，更不能使用连作地的土壤，必须年年换新土，以避免苗期病害流行。瓜地的轮作时间旱地必须 6～7 年，水田 3～4 年。采用嫁接栽培或抗枯萎病的西瓜品种，能有效防止西瓜枯萎病，可连作一定年限，但必须加强对其他病虫害的防治。

②地块选择。种西瓜应选择地势高燥、排水方便、土壤深厚、土质疏松肥沃的地块。西瓜的前茬在北方最好是小麦、谷子、玉米、高粱、甘薯，其次是棉花。忌用花生、豆类和蔬菜作西瓜的前茬，否则病虫害发生严重。

③精耕细作。在北方干旱地区种植西瓜，瓜地在秋季作物收获后进入冬季之前进行一次深耕，结合冬季进行一次冬灌，冬耕后不耙地，保持大块冻垡，以降低病虫越冬基数。种瓜前对瓜田精耕细耙，借机械作用杀死一部分土内害虫。同时，经过精耕细耙，可破坏病虫的生活环境，减轻其为害，也为西瓜的生长营造一个良好的土壤环境。在西瓜植株生长期间，要加强田间管理，清洁田园、及时中耕除草。消灭病虫害的中间寄主，及时拔掉病株或摘掉病叶。防止再浸染；同时要避免田间人为传播病害。雨季要及时排水，及时整枝打杈。保持瓜田通风良好，营造一个有利于西瓜生长而不利于病菌生长的环境，减少病虫害的发生。

④科学施肥。施肥与病虫害的发生有很大的关系，施肥不当容易引起病虫害的流行。施肥时应该注意以下几点：首先必须使用腐熟的有机肥。因为未腐熟的有机肥往往带有虫卵和病原菌。而且种蝇和蝼蛄都喜欢在未腐熟的有机肥处活动为害。其次要注意有机肥和化肥配合施用。试验证明：在施肥总量不变的情况下，有机肥与氮、磷、钾化肥配合施用比单施有机肥或化肥，对提高产量、品质和抗病性均有较好效果。第三是要注意氮、磷、钾肥配合施用，切忌过多施用氮肥。因为氮素营养过量会导致细胞大而壁薄，组织柔软，抗性降低；偏施氮肥会加重炭疽病、蔓枯病、枯萎病等病害的发生。磷对提高西瓜对外界环境的适应性起着重大作用，及时适量的磷肥供应能促进西瓜根系生长，提高西瓜的抗旱、抗寒能力。西瓜植株缺磷缺钾时抵抗能力下降，易受病虫侵害。

⑤采用育苗移植和嫁接栽培。育苗移栽不但可以提早播期，节省种子，还便于集中管理，集中防止病虫害。培育壮苗，为优质丰产打好基础。在重茬地上种植时应采用嫁接栽培。

（2）选用抗病品种。

不同的西瓜品种对西瓜病害的抗性差异很大，选用抗病品种是控制西瓜病害发生程度的重要措施之一。以西瓜枯萎病为例，目前在生产上广泛使用的抗枯萎病西瓜品种有西农8号和美抗8号、美抗9号、美抗10号等，这些品种可重茬种植一定的年限。

(3) 种子精选消毒。

①种子精选。播种前对种子进行精选，剔除秕籽、杂籽、畸形籽及病虫籽粒，然后在太阳底下暴晒2天。

②种子消毒。西瓜上的很多病害如炭疽病、蔓枯病、细菌性果腐病等都可通过种子传播，因此播种前种子必须消毒，具体方法如下：

A. 药剂消毒。可用40%福尔马林100倍浸种30分钟，也可用多菌灵500倍液或甲基托布津800倍液浸种1小时，还可用升汞1 000倍液浸种5～10分钟，然后将种子洗净浸种。

B. 温汤浸种。将种子放入55℃的温水中不停地搅拌15分钟，待其自然冷却，浸种4～6小时。

C. 药剂拌种。药剂拌种可起到进一步杀菌、防虫的作用。可用65%代森锌或50%福美双拌种，药量为干种子的0.30%。

(4) 药剂防治。

一旦发生病害，就要进行药剂防治。

2. 西瓜主要病害有哪些？怎样防治？

(1) 西瓜果腐病（也称为西瓜“水脱”病）。

西瓜不仅作为中国人夏季解暑降温必不可少的水果，而且成为一年四季餐桌上必不可少的重要水果之一。正因为如此，西瓜不仅面积不断增加，而且朝向高品质、早熟方面发展。西瓜的保护地面积不断增加，虽然利用嫁接解决了连作问题，但是近几年来又出现了新的问题——“西瓜水脱”。基本发生在保护地大棚内，而且发生面积很大，越来越严重。山东地区、沈阳地区、河北地区、北京地区、海南地区、江苏地区等均有发生。西瓜“水脱”是威胁保护地西瓜生产的严重问题，对此，必须加以解决。

①为害症状。

A. 近年来西瓜出现了一种新病害，群众称为“水脱”、“塌瓤”，又叫做“紫瓤”或肉质恶变。这种病为害西瓜果实，病变果实完全失去食用价值和商品价值，无人收购，无法食用。该病发病株率一般在5%～20%，严重地块高达70%，给瓜农造成了巨大的经济损失。

B. 西瓜“水脱”表现症状。发病植株根、茎、叶均与正常瓜无异，但敲击时声音发闷，似敲打软木的扑扑声，与正常成熟瓜、生瓜有异。剖开后发现瓜肉呈紫红色，浸润状，果肉绵软，同时能闻到酸甜气味。从果实的外观分辨病瓜，仅可从瓜蒂部分看到蒂部颜色呈深褐色，瓜把茸毛脱落较早，此外无任何症状。

②西瓜“水脱”产生的原因。对该病的发病原因，有人认为是细菌性病害，有人认为是绿斑驳花叶病毒（CGMMV）引起，但据研究分析，认为该病在早春保护地环境条件下发生是一种生理性病害。发病原因主要是在西瓜转色期浇水后，遇高温高湿造成“蒸瓜”而形成的。机理为高温高湿促使果肉内产生过量乙烯，引起呼吸异常，加快了成熟进程，而使肉质劣变。

A. 品种间有明显差异。皮薄、肉质硬脆的品种发病重，如山西大正的“爱耶”、还有一些外观酷似京欣1号的系列品种；皮厚肉质酥脆的品种发病轻，如真正的京欣1号、日本的红宝玉；晚熟品种选择金钟冠龙、新红宝、黑皮瓜系列品种等，发病很轻或基本没有发现病瓜。

B. 保护地大棚表现最为严重。在日光温室或小拱棚等保护地栽培条件下，均有不同程度的发病；而露地栽培的西瓜很少发生此病。

C. 水分温度原因。

a. 水分过大。大水漫灌造成土壤水分长期处于饱和状态，使根系周围氧气减少、窒息，发黄、发褐，以至于腐烂，这是造成西瓜“水脱”的重要原因之一。

b. 水分过小。土壤过于干旱，也造成“水脱”，老百姓称之为“旱脱”。原因是土壤过于干旱，如温度再高，也同样造成根系吸收能力下降，导致部分根致死。

c. 温度过高。当西瓜到定个时，是西瓜果实积累糖分和其他养分时期，如棚温过高，使西瓜果实自身养分消耗过大，造成生理不平衡，果肉就会变色，造成“水脱”。

d. 灌水时机问题。当西瓜定个时，灌水过大，或土壤水分过大，都会造成果实内的肉质变色，造成不能食用。因西瓜定个时，种子正在发育，需要养分，并同时分泌激素刺激肉质变色，积累糖分。这时，如水分过大就会造成激素浓度降低，糖分无法积累，同时，种子就不能充分发育，造成不饱满或瘪种子。这是造成西瓜“水脱”的另一重要因素之一。

D. 土壤和肥料。

a. 土壤。黏性土比壤土出现“水脱”要严重，壤土比沙壤土严重，沙壤土比沙土要严重。如大兴区庞各庄镇大部分的土地是属于沙土地，西瓜水脱的现象很少出现。北京的顺义区杨镇、北务镇大部分属于沙壤土，大部分是利用塑料大棚种植西瓜，2006年80%的大棚均有不同程度“水脱”出现，平均每个棚发生几率在20%～35%，严重的达到70%。同样在大兴的榆垡镇有的村土壤属于壤土或沙壤土，西瓜“水脱”现象表现明显。通州区靠南部的区大部分的土地属于盐碱地，西瓜“水脱”更为严重。山东、沈阳地区也是如此。

b. 肥料。氮肥过多也会引起西瓜“水脱”。西瓜是食用果实的，需要磷钾肥量较多。另一方面，不重视追肥，大部分是一次性底肥使用，造成后期营养不足。或用肥过多，造成营养生长过盛，运输到果实的营养不足，造成“水脱”现象。

E. 砧木。“水脱”与西瓜的砧木有很大的关系。因西瓜需要的营养和水分大部分是靠根部吸收供给的。如砧木早衰，根系老化，就会造成西瓜的正常生长和发育。葫芦或瓠瓜作为砧木，本身有一种生理病害称为“急性凋萎病”，就会造成西瓜“脱水”。

南瓜也同样存在这样问题，如南瓜生长势过强，植株长势过旺或吸收水分过多都会造成西瓜果实“脱水”。

③解决西瓜“水脱”有效栽培技术措施。

A. 选择品种。

a. 选择西瓜品种。选择适合大棚、中小棚的京欣1号品种、日本的红宝玉等；露地晚熟品种选择金钟冠龙、新红宝、黑皮瓜系列品种等，发病很轻或基本没有发现病瓜。

b. 选择砧木品种。选择不易早衰、生长势强的品种。如2006年北务镇仓上村用“万年春”西瓜砧木，是葫芦与瓠瓜杂交的品种，几乎没有出现“水脱”。2007年他们继续扩大栽培面积。

B. 温度、湿度管理。及时放风、排湿、降温。平时放风，控制棚温在30℃以下。坐果后15～25天这段时间，西瓜膨大，并开始转色，是管理的关键时期。此时只要棚温不低于20℃，均要进行放风。浇水后，应将棚顶薄膜缝隙全部扒开，连续3天保持棚内无水汽。如遇高温天气，还应打开棚的两头及两侧下部，加速棚内空气流通，降低棚内温度。

C. 水分管理。

a. 灌水方法的改变。推广滴灌技术或小水勤浇，大棚西瓜，瓜畦一般宽80～100厘米，浇水时整畦浇灌，大水漫灌和浇水面过宽是导致棚内湿度过大的主要原因。有条件的应逐步推广滴灌技术，无条件的应尽量作窄畦种植，缩小浇水面，减少一次性浇水量。同时应将棚内地面全部用地膜覆盖，减少水分蒸发，进而延长浇水周期和降低棚内湿度。西瓜生长中后期更应小水勤浇，杜绝大水漫灌。

b. 灌水时期的掌握。当西瓜开始定个时，这时严格控制浇水。在定个前灌水，防止定个时缺水。如定个时严重缺水，一定在灌水前降低棚温。作为沙性土壤，浇水比较频繁，也同样注意降低棚温。当西瓜种子边缘变黑时，就可以大胆地浇水了。一般情况下，保持土壤湿润，不要忽干忽湿。

D. 配方施肥。注意后期追肥，促进植株健壮。产区农民多忽视钾肥的使用，而氮肥供应严重超量，这不利于西瓜的健壮生长。应严格按西瓜的需肥规律施肥，氮、磷、钾应按 3∶1∶4 的比例配合使用，以促进植株健壮，根系发达，进而提高植株抗逆能力。追肥时严禁单一使用尿素。

E. 整平土地，减少田间积水。西瓜栽植前，应将棚内土地整平，使栽培畦上下游有一定坡降，保证浇水顺畅。下游应设置排水口，浇水时可将多余水排出棚外。这样做既有利于西瓜生长，又可减小棚内湿度，减少西瓜“紫瓤”病的发生。

F. 善于观察、及时发现、及早采取措施。发病初期，瓜柄处变微黄或微红，这时植株叶片保持较好，在这时要及早放风，降低温度。如进行连续 1 周左右的低温情况下，有部分病瓜可恢复瓜肉正常。

（2）西瓜枯萎病。

枯萎病是西瓜常见病害，因引起枯萎而得名。枯萎病是一种土传病害，是冬春季日光温室及大棚西瓜重要病害，发病率高达 90％以上。

①为害症状。在西瓜的整个生育期，地上各部位均可受害。西瓜枯萎病田间发病高峰期江浙地区在 6 月中旬至下旬，华北地区发病高峰期在 5 月中旬至 6 月中下旬。以叶片、瓜蔓受害最为严重，但主要为害茎基部。幼苗子叶受害，先出现水浸状小点，后扩大成青灰色大圆斑，如从叶缘侵入，则扩大成大弧形斑，不久均可扩展到整个子叶，引起子叶枯死；幼苗茎部受害，初现水浸状小斑，后迅速向上下扩展，不久全株软腐死亡；叶片受害后，最初为浅褐色水浸状小点，后逐渐扩大成直径为 1～2 厘米的圆形、近圆形或不规则形的黑色大斑。如叶缘受害，则形成黑褐色弧形、楔形大斑，病部干枯，表面有时散生有黑色小点，即病菌的分生孢子器及子囊壳；蔓茎受害，早期多发生在茎基部的

分枝处，呈水渍状灰绿色斑，渐渐沿茎扩展到各节部，受害处初现椭圆形或条状褐色凹陷斑，并不断分泌黄色胶汁，干枯后凝结成深褐色至黑色的颗粒状胶质物，附着在病部表面，多密生黑色小点，致使蔓叶枯萎。横切病茎，可见茎周一圈表皮层变褐，其维管束变褐色；果实受害，初为水渍状的小斑，后扩大成圆形、暗褐色的凹陷斑，在一些品种的果实上，病斑表面呈星状开裂，内部呈木栓状干腐，发黑后则腐烂，病斑上也产生许多分散的黑色小点。

②病原。西瓜枯萎病是由西瓜尖镰孢菌侵染所致。

③枯萎病的侵染循环过程。病原菌主要以分生孢子器和子囊壳随病残体落在土壤中和未充分腐熟的粪肥中越冬，种子也可以带菌。种子带菌率为5%～30%，并可存活18个月以上。病残体上病菌存活期，因越冬场所不同而有差异，在水中潮湿土壤中可存活3个月，在旱地病残体上存活8个月以上。第二年春天，释放分生孢子和子囊孢子进行初侵染。种子带菌引起子叶发病，在病残体上形成的分生孢子借风、雨、灌溉水传播，从气孔、水孔或伤口侵入，反复侵染蔓延。

④发病条件。病害的发生与温度、湿度及农业措施关系密切。菌丝在5～35℃均能生长，最适合温度为25℃，分生孢子在5～40℃均可萌发，最适合温度为26～30℃，在28℃时8小时萌发达75.5%，24小时达91.7%。分生孢子在相对湿度90%时仅萌发4%，在水滴中12小时萌发达47.7%，降雨和降雨次数是病害发生的主导因素。气温在30℃以上，降雨次数多，雨量在100毫米以上的梅雨季节，是发病的高峰期。江南地区早播种的西瓜（一般3月中旬前播种），西瓜膨大期或成熟期正值梅雨季节，此时最易感染病，发病重；北方地区发生在瓜田植株长势旺盛，密度过大，灌水过多，排水不良，湿度大的瓜田。随着连作年限增加，病害会逐年加重，偏施或重施氮肥可加重病害。

⑤防治方法。西瓜枯萎病是西瓜生产中最重要的病害之一，往往导致严重缺苗或断垄，造成严重减产。而防治西瓜枯萎病最重要的措施是轮作换茬，一般要求轮作4～5年。但是，由于农村实行家庭承包以后，一家一户土地较少，重茬现象时有发生，轮作4～5年更是难以实现，因此加强重茬田（包括轮作年限不足的田块）西瓜枯萎病的防治是夺取西瓜稳产保收的重要措施。

A. 选用抗病品种。近年来，科研部门加强了西瓜抗病耐病品种的选育，可选用抗病苏蜜、抗病苏红宝、京抗2号、京欣1号，郑抗2号、郑抗3号等抗病耐病品种。

B. 种子消毒。播种前可采用：a. 温汤浸种法：在55～60℃温水中浸种20分钟；b. 药液浸种：40%甲醛150倍液浸种30分钟，或50%多菌灵可湿性粉剂500倍液浸种1小时；c. 药剂拌种，以干种子重量的0.20%～0.30%的敌克松、拌种双或多菌灵拌种。

C. 嫁接防病。西瓜枯萎病有明显的寄主专化性，采用嫁接法防病效果显著。西瓜嫁接常用的砧木有：瓠瓜、野生西瓜“勇士”南砧1号、葫芦等。葫芦砧和瓠瓜砧与西瓜嫁接亲和性较好，嫁接苗成活率高。嫁接的方法有靠接、插接、劈接、断根接等。嫁接成功的关键是培育壮苗和嫁接后3～5天的保湿保温。

D. 土壤处理。育苗应选用韭菜地、非瓜田土，加肥料配成营养土，并用营养钵护根育苗。大田土壤要深翻晒垡，酸性土壤可施用消石灰或喷洒石灰水。有西瓜枯萎病史的田块播前用五氯硝基苯、多菌灵、敌克松杀菌剂喷洒瓜沟或将药土施入播种穴，进行土壤消毒。

E. 加强肥水管理。基肥要充分腐熟；不施用有病残体的垃圾肥，增施有机肥和磷钾肥，不要偏施氮素化肥，实施配方施肥，西瓜生长期中氮磷钾比例以2∶1∶1.50为宜。叶面喷施微肥能增强植株抗病性。苗期少浇水，生长期根据苗情采用细流浇灌，严禁大水漫灌、串灌，田间积水要及时排出。追肥切忌伤根，农事操作如整枝压蔓时严防造成伤口过多，以减少土壤中病菌侵入。

F. 药剂防治。定植后结合浇定根水进行药剂灌根。发病初期药剂灌根，可用70%甲基托布津可湿性粉剂600倍液，或15%粉锈宁可湿性粉剂2 000倍液，隔5～6天1次，连灌2～3次，每次每株用药液250毫升。发病初期也可用敌克松与面粉按1∶20配成糊状，涂于病茎基部，也有一定防病作用。

(3) 西瓜炭疽病的防治。

西瓜炭疽病是比较流行的真菌性病害，苗期、成株期均可发病。不仅秋棚西瓜发生较重，在春棚和日光温室也呈发展趋势，严重时可减产10%～20%。病瓜在贮运过程中继续发展，造成烂瓜。

①为害症状。该病害从西瓜苗期至采收期均可发生，苗期发病主要在子叶上产生圆形或近圆形病斑，病斑颜色为黄褐色，中央有轮纹，边缘有黄晕。叶柄或瓜蔓发病，初期为梭形或近梭形病斑，后病斑凹陷，颜色为黑褐色，上生许多小黑点（即病原分生孢子），病斑绕瓜蔓一周后导致整株西瓜死亡。叶片感病，初期出现圆形或纺锤形水渍状病斑，有时出现轮纹，后病斑转为黑褐色，干燥时病斑容易破裂，湿度大时病斑表面出现黏稠状物。果实感病初期呈水渍状凹陷病斑，后病斑转为黑褐色且病斑容易破裂，湿度大时表面出现黏稠状物，病重时连片西瓜腐烂。

②病原。瓜类炭疽病菌，属半知菌真菌亚门。

③发生规律。该病害以菌丝或拟菌核寄生在土壤病残体上，条件适宜时产生分生孢子梗和分生孢子侵染西瓜。西瓜发病后又产生分生孢子，借风雨和灌溉水传播，进行重复侵染。当温度20～24℃，空气相对湿度90%～95%时容易发病，温度高于

28℃，湿度小于54%时不容易发病。地势低洼，排水不良，或氮肥过多，通风不良时也容易发病。

④防治方法。

A. 选用抗病品种和进行种子消毒。首先选用抗病品种，再对种子进行消毒。生产用种可用55℃温水浸种15分钟灭菌。药剂处理用40%甲醛或冰醋酸各100倍液浸种30分钟，清水洗净后播种，或用50%多菌灵可湿性粉剂500倍液浸种60分钟，或50%代森铵水剂500倍液浸种1小时，清水先后催芽或晾干直播。

B. 栽培防病。施足腐熟农家肥，增施磷钾肥。做好放风排湿，防止棚膜滴水和叶面结露，抑制病害发生。拉秧时清除残枝病叶，清洁田园。

C. 药剂防治。发病初摘病叶后及时喷药，可选用50%多菌灵可湿性粉剂500倍液，或75%百菌清可湿性粉剂600倍液，或50%苯菌灵可湿性粉剂1 500倍液，或50%炭疽福美可湿性粉剂500倍液，或50%甲基托布津可湿性粉剂600倍液，或70%代森锰锌可湿性粉剂500倍液，或50%混杀硫悬浮剂500倍液。每7～10天喷1次，连喷3～4次。保护地还可用5%克霉灵粉尘剂或5%百菌清粉尘剂，每亩每次1千克。

(4) 西瓜白粉病。

西瓜白粉病俗称白毛，是保护地西瓜的重要病害，也是西瓜的常见病害。通常在生长中、后期发病较严重，造成叶片干枯甚至提前拉秧。

①为害症状。白粉病主要侵害西瓜的叶片，其次是茎和叶柄，一般不为害瓜条。发病初期，叶片正面或背面长出白色近圆形的小粉斑，逐渐扩大、厚密、连片。严重时整个叶片布满白粉，后变灰白色，叶片枯黄而脆，但不脱落，一般病叶自下而上发展蔓延。叶柄和茎上病斑与叶片相似，但白粉量少。在生长晚期，有时病斑上产生黄褐色小粒点后变黑色为病菌闭

囊壳。

②病原。属子囊菌亚门真菌侵染所致。

③发病规律。病菌随病株残体遗留在土中越冬，亦可在温室活体上越冬，第二年 5～6 月份随温度上升，病菌借气流、雨水传播，落到寄主上侵染发病。该病菌对湿度要求范围很宽，天气干旱时，寄主表皮细胞的膨压降低，则有利于病菌的侵入，往往发病更为严重；在多雨潮湿的天气里，病菌孢子因吸水过多，常引起破裂，减少病菌的侵染发病。栽培管理粗放，施肥不足，或偏施氮肥，浇水过多，植株徒长、枝叶过密、通风不良，以及光照不足等均有利于白粉病的发生为害。

④防治方法。

A. 选用抗病品种。不同西瓜品种对白粉病的抗性有差异。一般抗霜霉病的品种也兼抗白粉病。

B. 保护地熏蒸消毒。定植前 2～3 天将棚室密闭，每 100 米^3 用硫黄粉 250 克、锯末 500 克掺匀，分装在小花盆并分置几处，点燃熏蒸 1 夜消毒灭菌。但在西瓜生长期，不可采用硫黄烟熏法防治白粉病，防止发生药害。

C. 加强栽培管理。保护地施足底肥，增施磷钾肥，生长中后期适当追肥，防止植株徒长和脱肥早衰。棚室做到阴天不浇水，晴天多放风，以降低湿度和保持适宜温度，防止出现闷热的小气候，控制病害发生。

D. 药剂防治。a. 在发病初期用 45%百菌清烟剂熏棚。b. 雾法：发病初期可选用 2%武夷霉素或 2%抗霉菌素水剂（农抗 120）各 200 倍液，或 15%粉锈宁（三唑酮）可湿性粉剂 1 500 倍液，或 20%粉锈宁乳油 1 500～2 000 倍液，或 30%富特灵可湿性粉剂 1 500～2 000 倍液，或 50%甲基托布津可湿性粉剂 800 倍液，或 75%百菌清可湿性粉剂 600 倍液，或用 50%多硫悬浮液 300 倍液，或 20%敌菌酮胶悬剂 600 倍液，或 20%敌硫酮胶悬剂 800 倍液，或 20%敌唑酮胶悬剂 400 倍液等。每隔 7～10

天喷1次，视病情发展连续2～3次。

（5）西瓜叶枯病。

①病害症状。该病害为害西瓜叶片、叶柄、瓜蔓和幼果。发病初期在叶片背面产生针头大小的透明或半透明斑点，圆形，稍凹陷。几天后病斑扩大呈片状，病斑颜色为褐色或黑褐色，叶片边缘卷起并开始褪绿，瓜蔓顶端随之萎缩翘起。随后病害快速发展，整株西瓜感病，叶片自下向上干枯以至西瓜死亡。

②病害发生流行规律。该病害每年11月至翌年3月份发生较多，当气候条件干燥、高温和西瓜种植有机肥或其他营养不足时该病害发生流行较快。据田间调查，西瓜开花至小果期是该病害的发生高峰期。

③防治方法。

A. 增施有机肥，保证西瓜后期的健康生长。

B. 把握西瓜开花期的肥水调控程度，避免过度控制水肥造成西瓜营养供应不足而引发叶枯病。化学防治：在该病害的发生初期使用25%凯润1 800倍液或24%应得3 000配合2%好普600倍液轮换使用2～3次，每4～6天施用1次。或在西瓜果实膨大后期使用75%好速净1 200倍加12%腈菌唑4 000倍进行叶面喷施。用药的关键时间在西瓜开花前夕和西瓜膨大期。

（6）西瓜绵腐病。

①病害症状。苗期染病引起猝倒，结瓜期主要为害果实。贴土面的西瓜先发病，病部初呈褐色水浸状，后迅速变软，后整个西瓜变褐软腐。

②发生规律。平均气温22～28℃，连阴雨天多或湿度大利于此病发生和蔓延。

③防治方法。

A. 利用抗生菌抑制病原菌。如在瓜田内喷淋“5406”3号剂600倍液，使土壤中抗生菌迅速增加，占优势后可抑制病原菌生长，从而达到防病目的。

B. 采用高畦栽培。避免大水漫灌，大雨后及时排水，必要时可把瓜垫起。

C. 发病初期喷洒14%络氨铜水剂300倍液，或50%琥胶肥酸铜可湿性粉剂500倍液，隔10天左右1次，连续防治2～3次。

(7) 西瓜白绢病。

①为害症状。发病初期植株在中午时萎蔫，叶子变黄，并在几天之内整个茎基部坏死，植株完全萎蔫死亡。受害部分先呈暗绿色病斑，后扩大，稍凹陷。后期病斑可扩大至1～2厘米，病斑近圆形，病部产生白色棉絮状物，以扇形覆盖在茎的表面。在白色棉絮状物中，长着芥菜籽大小的浅棕色至黑褐色菌核。该菌也侵害与土壤相接触的果实，引起果实腐烂，上面长有大量的霉状物和菌核。

②发生规律。病菌在高温、高湿而有充足空气的条件下发育良好，故疏松的沙壤土发病较多。

③防治方法。实行轮作和深耕，及时清除瓜田中病株，土壤消毒。实行水旱1年以上的轮作，深翻耕，避免瓜果直接与地面接触。用五氯硝基苯0.5千克加细干黄泥15～25千克配成药土，撒施于茎基部的地面，隔两周撒1次，共撒2次。还可以在植株基部及其周围土壤上喷洒50%代森铵水剂800～1 000倍液，有良好的防效。

(8) 西瓜褐色腐败病。

①症状。在茎上产生油渍状暗绿色病斑，并腐烂，受害部位以上枯萎死亡。叶片受害产生不规则油渍状暗绿色至灰绿色的病斑，幼果和成熟果均可受害，起初产生油渍状暗绿色小圆形病斑，后迅速扩大成暗褐色不规则的病斑，并腐烂。

②发生规律。梅雨季节，排水不良的酸性土壤容易发病和流行。

③防治方法。发病初期喷1%的等量式波尔多液，或代森锰锌600～800倍液，50%甲基托布津1 000倍液，70%百菌清500～800倍液。每10天1次，共喷2～3次。

(9) 西瓜病毒病。

西瓜病毒病是一种侵染西瓜整个生育系统的病害。

①为害症状。病毒可以到达除生长点以外的任何部位。苗期染病子叶变黄枯萎，幼叶呈深绿与淡绿相间的花叶状，同时发病叶片出现不同程度的皱缩、畸形。成株染病新叶呈黄绿相间的花叶状，病叶小而皱缩，叶片变厚，严重时叶片翻反卷。茎部节间缩短，茎畸形，严重时病株叶片枯萎，瓜表面呈现深绿及浅绿相间的花斑，表面凸凹不平，瓜畸形。重病株簇生小叶不结瓜，最后萎缩枯死。

②防治方法。

A. 采用选栽抗病品种或耐病品种，进行播种前种子消毒。

B. 加强栽培管理。首先要培植壮苗，多施磷、钾肥，以提高植株的抗病性；其次要注意田间操作卫生，接触病菌以后要及时用肥皂将手洗净。

C. 做好病害的预防工作，特别是蚜虫的防治，尤其是苗期要防治蚜虫。当田间发生蚜虫时，可使用10%吡虫啉可湿性粉剂2 000～3 000倍液进行防治。

D. 药剂防治。在发病初期，可喷施20%病毒A可湿性粉剂500倍液或20%病毒灵可湿性粉剂600倍液。在以上药液中如混加宝利王或小叶敌等植物生长促进剂800倍液，抑制效果会更好。

(10) 西瓜根结线虫病。

①为害症状。仅发生于根部，以侧根及支根最易感病。根部受害部分产生大小不等的瘤状物或根结，剖视内部，可见病组织中有白色细小梨状雌虫，根瘤或根结部上端往往产生细小新根，以后又被线虫侵入呈根结状肿大。病重株地上部分生长衰弱，矮

化，似缺水缺肥状，叶片较淡，不结瓜或少结瓜。

②发生规律。以2龄幼虫或当年产的卵留在根结中越冬。翌年环境适宜时，越冬卵孵化为幼虫和越冬幼虫继续发育，多从嫩根部分侵入，刺激寄主细胞增生，形成瘤结，幼虫在其中发育。中性沙质壤土发病严重。

③防治方法。实行2～3年的轮作，或水旱轮作。合理灌水和施肥，对病株有延缓期症状表现和减轻其损失的作用。若苗床有根结线虫，或在播种前2～3周进行土壤消毒，或用克线灵和铁灭克等来处理苗床。

3. 西瓜有哪些生理病害？

生理病害是指西瓜对环境因素不适应导致生理障碍而引起的异常现象。在西瓜生产过程中，由于气候不适或栽培技术不当，均可引起生理失调，使正常生长受到抑制，导致产量降低，品质变劣；同时这类生理病害能够诱发传染性病害的发生，是影响西瓜增产的重要环节。由于对生理病害的认识不足，研究不够，所以在生产中经常出现一些问题。现将常见的生理病害及其防治方法介绍如下。

（1）苗期生理病害。

①冷害。西瓜生长最适宜温度为25～30℃，苗期适宜温度为20～25℃。当最低温度为10℃以下时，瓜苗基本停止生长。受冷害后，初期叶片和茎基部呈水渍状，如受冷害持续时间过长，瓜苗将慢慢干枯而死。若遇寒潮加上管理不当，还会发生冻害，造成缓苗，出现弱苗或僵苗，严重时瓜苗变黑、枯死。由于是苗期受害，一旦发生后，瓜农一般采取重新补种的办法来持续自己的种植。其实，瓜苗冷害是可以预防和避免的。预防西瓜苗期冷害的主要措施有：适期播种，不可盲目提早播种，选择冷尾暖头天气进行播种、定植；提高苗床的保温性能，加强保温管理；选准时机，对瓜苗进行有目的地低温锻炼；苗期

喷洒0.2%三元复合肥水，以增强瓜苗长势和提高其抗低温能力。

②沤根。沤根为生理性病害，低温季节育苗时容易发生。发病时，嫁接苗根部不发生新根和不定根，根皮锈褐色，逐渐腐烂、干枯。病苗极易从土壤中拔出。茎叶生长缓慢，叶片逐渐变为黄绿色或乳黄色，叶缘开始枯黄，直到整个叶片皱缩枯黄。病害严重时，可造成整株枯死。发生沤根的主要原因是地温持续低于12℃，连阴天和浇水过量以及光照不足等因素，造成幼苗根系在缺氧状态下，不能正常生长，根系吸收能力降低且生理机能破坏，所以导致沤根的发生。

防治方法：加强苗床温湿度管理，适当浇水，苗床不干不浇；加强光照；适时适量通风，做好棚室的通风工作，特别是低温时期，应抓住晴暖天气通风；加强幼苗锻炼。发生轻微沤根后要及时松土提高土温，增加土壤通透性，对沤根苗及时施用ABT生根粉、根宝等生根剂，使病苗尽快发出新根。

③西瓜嫁接苗期出现闪苗的原因及防治方法。瓜类嫁接苗期出现闪苗的原因主要是由于环境条件突然改变而造成的叶片凋萎、干枯现象。这种现象在整个苗期都可发生，而以定植前最为严重。闪苗与苗质、温度、空气相对湿度都有关系，如果幼苗在苗畦内长期不进行通风，苗畦内温度较高，湿度较大，幼苗生长幼嫩，这时突然通风，外界温度较低，空气干燥，幼苗会因突然失水而出现凋萎现象。

避免闪苗首先要培育壮苗，幼苗经常通风，叶片厚实、浓绿，一般不会出现闪苗现象。如果幼苗出现凋萎现象，要立即把覆盖物盖好，短时凋萎还能恢复，这样反复揭盖几次使幼苗适应露地气候，再撤覆盖物。对于已经闪苗的苗床，根据受害程度，可采取相应的技术措施。受害较轻的可以进行定植，以后加强管理，心叶会很快长出。如果受害较严重，真叶完全干枯，只有生长点完好的，最好不要定植。

④自封顶苗。育苗期间，常见到有瓜苗生长点退化，仅有子叶而无生长点的瓜苗，称为自封顶苗。一般陈种子较易出现；当苗床温度低、生长点附水珠时易发生；蚜虫等虫害易损伤生长点，也易出现自封顶苗。

（2）生长期生理病害。

①叶片白枯。

A. 症状。在西瓜开花前后开始发生，至果实膨大期发病加剧，其症状是基部叶片和叶柄的表面硬化，叶片缺刻易折断，叶色变淡，逆光可见叶脉间淡黄色的斑点，茸毛变白、硬化易折断，随后叶脉间组织明显变黄，叶片黄化呈网纹状，进而叶肉黄化部变褐，呈不规则、浓淡不一和表面凹凸不平的白色斑，白化叶仅留绿色的叶脉和叶柄。

B. 病因。发病原因认为是植株体内细胞分裂素类物质活性降低的一种老化现象。据测定，白色茸毛中钙的含量是正常植株的3倍，叶片和叶柄内钙的含量也较正常植株为高，侧枝过度摘除，降低根的功能容易发生。该病在拱棚栽培西瓜上也容易发生。

C. 防治措施。适当整枝，整枝应控制在第十节以下，从始花期每周喷1次1 500倍液甲基托布津或1 500毫克/千克苯甲基腺嘌呤，可以抑制该病症状的发展。

②急性凋萎。

A. 症状。急性凋萎是西瓜嫁接栽培容易发生的一种生理性凋萎，其症状初期，中午地上部萎蔫，傍晚时尚能恢复，经3～4天反复以致枯死，根颈部略膨大，无其他症状。该病与传染性枯萎病的区别在于根颈维管束不发生褐变，发生时期在坐果前后，在连续阴雨弱光条件下容易发生。

B. 病因。a. 与砧木种类有关，葫芦砧发生较多，南瓜砧很少发生。b. 砧木根系吸收能力随着果实的膨大而降低，而叶面蒸腾则随叶面积的扩大而增加，根系的吸水不能适应而发生凋萎。c. 整枝过度抑制了根系的生长，加大了吸水与蒸腾间的矛盾，导致凋萎加剧。d. 光照弱会提高葫芦、南瓜砧急性凋萎病的发生。急性凋萎可能是以上生理障碍的最终表现，其直接原因有待进一步研究。

C. 防治措施。目前主要是选择适宜的砧木，通过栽培管理加强根系及其吸收能力的农业措施防治。

③畸形瓜。

A. 症状。西瓜果实发育过程中，由于生理原因往往会产生一些形状不正常的果实，影响果实的外观和品质。畸形果种类有扁形果、尖嘴果、葫芦形果、偏头畸形果、棱角果（无籽西瓜较为多见）等。

B. 病因。扁形果是坐果节位低，果实膨大期气温较低，果实扁圆，有肩，果皮增厚，一般圆形果易发生。尖嘴果多发生在长形果的品种上，果实尖端渐尖，主要是果实发育期的营养和水分条件不足，果实不能充分膨大。葫芦果表现为先端较大，而果柄部位较小，往往长果形品种在肥水不足，坐果节位较远时发生。偏头形果实表现为果实发育不平衡，一侧生长正常，另一侧发育不好，是由于授粉不均匀所引起，授粉充分的一侧表现种胚（瓜子仁）不发育细胞膨大受阻。西瓜在花芽分化过程受低温影响形成的畸形花，在正常的气候条件下所结的果实也表现畸形。肥水不足或过剩，果实肩部发育不良，出现一头大一头小的现象。

C. 防治措施。减少畸形果实的发生，是提高果实商品性的重要一环，除针对以上形成因素予以防范外，重要的是根据栽培目的控制坐果节位，并在坐果期选留子房周正的幼果，摘去畸形幼果。

④空洞瓜。

A. 症状。西瓜果实内果肉出现缝隙或空洞。

B. 病因。在低节位坐果、氮素营养过多引起的疯秧、坐果不良、叶面积增多的情况下容易发生。主要原因是植株养分积累过多。空洞果通常在果面表现有纵沟，果皮厚、果形不周正，糖度偏高。而由于生长势旺叶面积过大形成的空洞果则果形大，含糖量较高。三倍体无籽西瓜生长势旺，发生空洞果较为多见。

C. 防治措施。进行合理适量的施肥和整枝，调整坐果数和坐果节位。

⑤裂瓜。

A. 西瓜裂果可分为田间裂果和采收裂果。田间裂果是在静态条件下果皮爆裂，其主要原因是土壤条件骤变。如在果实发育的某一阶段土壤水分少，果实发育受阻，突然遇雨或浇大水，土壤水分猛增，致使果实迅速膨大而裂果，一般在花痕部分首先开裂，也有认为果实发育初期因低温发育缓慢，之后迅速膨大而引起裂果。裂果与品种有关，果皮薄、质脆的品种容易裂果。

B. 防止措施。选择不易开裂的品种，采用棚栽防雨，合理的肥水管理。采收时的裂果是因果实皮薄，采收震动而引起裂果，有经验的瓜农认为增施钾肥提高果皮韧性，傍晚时采收，可以减少裂果。

⑥日烧瓜。

A. 症状。西瓜果实在烈日下暴晒，果实表面温度很高，果实组织灼伤坏死，形成一个干疤。

B. 病因。日烧与品种有关，皮色深的品种容易发生，其次在丘陵地区土质较瘠薄，植株营养生长差，藤叶少，果实暴露情况下发生多。

C. 防治措施。前期增施氮肥，促进生长，果面盖草防晒。

⑦肉质恶变瓜。

A. 症状。发育成熟的果实，在外观上与正常果一样，但拍打时发出当当敲木声，与成熟瓜、生瓜不同，剖开时发现瓜肉呈紫红色，浸润状，果肉变硬，半透明，同时可闻到一股酒味，完全丧失食用价值。

B. 病因。日本有人认为果实在花后 20 天，由于土壤水分骤变，高温、叶面积不足等因素都容易引发此病。原因是土壤水分骤变会降低根系活性；还由于某些因素导致叶片受障碍，加上高温，使果肉内产生乙烯，引起呼吸异常，使肉质变劣。此外，坐瓜后的植株感染黄瓜绿斑花叶病毒也会引起果实的异常呼吸而发生果肉恶变。

C. 防治措施。预防的措施是深翻地，多施农家肥料，保持良好的通气性；深沟高畦加强排水，保持适当土壤水分，适当整枝，避免整枝过度，抑制根系的生长；当叶面积不足或果实裸露时，应盖草遮阳；防止病毒病传播，除瓜地喷药防虫切断病毒传播外，还要注意附近毒源植物并及时防治。

⑧僵瓜。造成僵瓜的原因有以下几类：

A. 土壤干燥、肥水不足。果实膨大期如果肥水不足，则易形成僵果。因此瓜地要进行灌水，水量由少到多，不可没过畦面，水在田间滞留时间不宜过长，应在傍晚或夜间灌水，避免高温烧根。在丘陵地发展西瓜，应在冬前增加蓄水量，采取育苗移栽办法，争取早坐果，减轻干旱对果实膨大的影响。当幼果长至鸡蛋大小时及时追膨瓜肥。

B. 功能叶不足。一般来说，叶片多的果实长得大，而且品质好，因此栽培上要有相当数量的功能叶进行光合作用，满足果实膨大之需。

C. 瓜蔓生长过旺。制造的养分茎、叶生长消耗多，满足不了果实膨大的需要，而呈疯长状态。应培育壮苗，为果实正常发育打下良好基础，在坐果前后，应根据新生叶的大小、蔓的粗细、节间的长短，以及从蔓的顶端到已开放雌花节位的长短来调节膨瓜肥的施用量和时间。如果蔓顶端到已开放雌花节位的长度超过 67 厘米，则说明瓜蔓生长过旺，应抑制其生长；如果其长度不到50厘米，说明瓜蔓长势弱，应立即追肥，促其生长；如果其长度在50～67厘米范围内，则说明瓜蔓生长正常。

D. 授粉时雄花的花粉涂到雌花柱头上的数量不足，种子数量对果实的发育具有重要影响。在同样条件下，种子数量多的果实长得就大。因此，要选择最佳时机，尽可能多地把生活力强的花粉授到柱头上，以增加种子数，从而达到丰产的目的。

E. 雌花细长瘦弱，茸毛稀少的花朵授粉后不易坐果，即使坐果也难以长大。因此，应选择花蕾发育好、个大、生长旺盛的雌花授粉。优质雌花的主要特征是果柄粗、子房大、外形正常，颜色嫩绿而有光泽，密生茸毛。

F. 病虫为害严重的叶片不能正常进行光合作用，影响果实发育。

G. 坐果太近或太远，果实膨大受多方面影响而僵住。

⑨西瓜不甜原因。A. 品种含糖量低；B. 氮肥过多；C. 营养不良；D. 成熟期昼夜温差小；E. 成熟期降雨，土壤水分过多。

⑩厚皮原因。A. 选用了厚皮品种；B. 果实太近根部；C. 果实膨大期气温过低；D. 采收过早，成熟度不够。

⑪果肉发硬的原因。成熟期气温过低；磷肥施用过多或施用含氯肥料；高温干旱、营养不良。

⑫果实表面颜色不均、颜色浅淡的原因。主要是由于高温干旱、营养不良、植株长势弱造成的。

⑬瓜类蔬菜缺素症状及防治方法。

A. 缺氮症。西瓜缺氮时表现植株矮小，生长缓慢，茎短而细，多木质化。叶片小；叶色淡绿以至黄色，自老叶向新叶逐渐黄化，叶片基部呈黄色，干枯后则呈浅褐色。茄果类还表现花、果发育迟缓，异常早熟，种子少，籽粒轻等问题。但是缺氮症状常与低温影响相似，而且温度偏低西瓜对氮吸收也较慢，与缺氮症状极为相似。

防治方法：增施有机肥，防止生长后期脱肥。发生缺氮症状及时补救，叶面喷施0.2%尿素或含氮复合肥，每次间隔一星期左右。

B. 缺磷症。西瓜缺磷症状没缺氮那么明显，表现为生长缓慢，植株矮小，叶片小，叶色暗绿，无光泽，下部叶片变紫色或红褐色，整株呈小老苗；花少，果少，果实迟熟；侧根生长不良；延迟结实和果实的成熟推迟。

防治方法：此可叶面喷施2%过磷酸钙浸出液，喷施2～3次。

C. 缺钾症。西瓜缺钾时会引起蔬菜中碳水化合物的合成受阻，细胞壁变薄，质地变软，易倒伏，抗寒、抗旱能力较差。表现的症状为老叶叶尖和边缘发黄，后变褐，叶片上常出现褐色斑点或斑块，但叶中部靠近叶脉处叶色常不变，严重时幼叶也表现同样症状。瓜类菜在生育初期不出现症状，而在果实膨大时才在老叶出现症状。

防治方法：增施有机肥和钾肥。发生缺钾症状时及时进行叶面喷施0.2%～0.3%的磷酸二氢钾或0.5%草木灰浸出液，每2天1次，连喷2～3次，有显著效果。

D. 缺钙症。西瓜缺钙时，植株矮小，生长点萎缩，顶芽枯死，生长停止；幼叶卷曲，叶缘变褐色并逐渐死亡，老叶仍保持绿色；根尖枯死，甚至腐烂，果实顶端亦出现凹陷、黑褐色坏死。缺钙西瓜常在地温过高，土壤缺水、土壤溶液浓度过高时发生。引起钙在植物体内输送缓慢，因此在干旱时期，要注意补充水分。土壤含钙低、土壤盐分含量高、过量施用氮肥，都会影响影响根系对钙的吸收引起缺钙。

防治方法：增施有机肥和钙镁磷肥。

E. 缺镁症。西瓜发生缺镁症时，首先出现在下部老上叶，先是叶尖表现症状。继而叶片中脉附近的叶肉失绿黄化，并逐渐扩大到整个叶片上，而叶脉仍保持绿色。因为镁是西瓜体内的可移动因素，并且是叶绿体的主要组成部分，植株缺镁会阻碍叶绿素的形成，导致叶色失绿。

防治方法：提高地温，在西瓜坐瓜及膨大期保持地温在15℃以上，多施用农家肥，防止缺镁症的发生。如果发生缺镁症状，可进行叶面喷施0.1%～0.5%的硫酸镁溶液，每2天1次。

F. 缺硼症。表现为西瓜缺硼，植株矮小，侧茎形成加快，主茎有时枯死；植株根系不发达，生长点死亡，花发育不全，果畸形。硼与西瓜的生殖过程有密切关系，它可促进作物花粉的萌发和花粉管的生长。缺硼症状在茎与叶柄处表现，茎尖坏死，叶和叶柄脆弱易折断。茎、花蕾和肉质根的髓部变色坏死，折断后可见其中心部变黑。

防治方法：可叶面喷施0.1%～0.2%硼砂或硼酸液。

G. 缺锌症。西瓜发生缺锌时，顶芽不枯死，新叶产生黄斑，小叶呈丛生状，黄斑逐渐向全叶扩大。

防治方法：叶面喷施0.1%～0.2%硫酸锌液。

4. 保护地嫁接西瓜主要虫害防治技术是什么？

（1）蚜虫。

为害西瓜的蚜虫主要是瓜蚜，瓜蚜俗称腻虫、蜜虫，繁殖能力强，早春、晚秋19～20天可完成一代，夏季4～5天完成一代，每雌可产若蚜60余头。瓜蚜的有翅孤雌蚜体长1.2～1.9毫米，黄色或浅绿色。触角6节，短于身体，前胸背板黑色，前后各有1条灰色带。腹部多为黄绿色（夏季）或蓝黑色（春秋季），腹部两侧有3～4对黑斑，背面时有间断的黑色横带2～3条。腹管圆筒形，黑色，表面具瓦纹。尾片短于腹管之半，圆锥形，近中部缢缩，有刚毛4～7根。

无翅孤雌蚜体长1.5～1.9毫米，呈卵圆形。夏季多为黄绿色，春秋季深绿或蓝黑色，体背有斑纹，全身微覆蜡粉。中额瘤隆起，触角6节，腹管长圆筒形，黑色，有瓦纹状，尾片同有翅孤雌蚜。若蚜共4龄，无翅末龄若蚜体长1.63毫米，无翅若蚜夏季体黄色或黄绿色，春秋季蓝灰黑色，复眼红色。有翅若蚜第三龄出现翅芽2对，翅芽后半部为灰黄色，夏季体淡黄色，春秋季为灰黄色。

瓜蚜的成虫和若蚜群集在植株嫩头及背吸食叶片汁液，受害嫩头生长受抑制，嫩叶卷曲，瓜苗萎蔫至枯死。老叶受害不卷叶，但提前凋落，影响产量，瓜蚜还大量分泌蜜露、侵染茎叶，同时还传播多种病毒病，使植株早衰，造成严重减产。此外，蚜虫还是传播病毒病的重要媒介。由于蚜虫的繁殖力很强，往往在短期内可以爆发成灾，因此，在防治上必须在其点片发生时予以防治。

防治方法：

①农业防治法。在大棚、温室的通风口出张挂防虫网，防止外界蚜虫迁飞到棚室内，可减少其虫害的发生。利用黄板诱杀，在大棚、温室内悬挂诱杀黄板，捕杀蚜虫。结合田间拔除虫苗，前茬作物收获后，及时处理残株败叶，铲除杂草，可消灭部分蚜虫。

②药剂防治法。蚜虫繁殖快、蔓延迅速，应在初发阶段及时防治。一般用10%吡虫啉可湿性粉剂4 000倍液，或50%抗蚜威可湿性粉剂2 000～3 000倍液，或2.5%功夫菊酯乳油3 000倍液，或20%灭扫利乳油3 000～4 000倍液等轮换喷施，不可单一长期使用一种杀虫剂，提倡几种农药轮换使用。大棚、温室内还可采用烟雾法，具体做法是：22%敌敌畏烟剂每亩0.5千克，傍晚收工前将保护地密闭熏烟，省工高效，或每亩用80%敌敌畏乳油0.3～0.4千克，洒在盛锯末的几个花盆内，用烧红的煤球点燃熏烟。此外，也可用5%灭蚜粉尘剂每亩1千克喷粉。

③根用缓释农药施用法。根用缓释农药分为片剂和颗粒剂两种剂型，果类菜使用片剂，在定植时使用每株1片，施药后可以

防治西瓜整个生长期的虫害，不必再进行打药防虫，既降低了人工打药成本，也减轻了农民的劳动强度。防治蚜虫时每亩需要施用0.5%缓释农药颗粒2千克，防治效果达90%以上。根用缓释农药颗粒选用的是高效、低毒农药，一般在西瓜采收期前10～15天农药活性成分基本释放完毕，无残留和毒副作用。

（2）白粉虱。

白粉虱俗称小白蛾，20世纪70年代中期以来成为我国和保护地西瓜主要害虫，在北京年生6～11代，世代重叠现象严重。对瓜类蔬菜的为害很大，减产常达20%～30%，个别严重棚室绝收。成虫和若虫主要群集在植株的叶背面，以其刺吸式口器吸吮汁液，使被害叶片褪绿变黄，植株生长变弱萎蔫，甚至全株枯死。白粉虱成虫和若虫还能分泌大量蜜露堆积在叶背面引起污染，影响西瓜的呼吸作用和光合作用，导致减产和品质的下降。防治温室白粉虱应提早规划与实施，注重预防，采用综合措施，将发生为害压低到最小程度。

成虫体长0.8～1.5毫米，翅展1.7～2.3毫米。淡黄色，翅面覆盖有一层白色蜡粉，外观呈白色。卵长约0.2毫米，长椭圆形，有柄，柄长0.02毫米，初产淡黄色，覆有蜡粉，而后渐变褐色，孵化前变为黑色。若虫椭圆形，扁平，淡黄色或淡绿色，体背具长短不齐的蜡质丝状突起。蛹长0.7～0.8毫米，椭圆形，扁平，中央稍高，黄褐色，体背常生有数对长短不齐的丝状突起。

防治方法：

①农业防治法。培育“无虫苗”是关键防治措施。育苗前清除残株杂草，熏杀残余成虫，避免在发病规律生白粉虱的温室内育苗，可培育“无虫苗”，再定植到无虫的生产温室。结合整枝打杈，摘除带虫老叶，携出棚室外处理。

②黄板诱杀。利用白粉虱的趋黄性，在温室内设置黄板诱杀成虫。黄板吊在温室内，高出植株，诱杀成虫。当黄板黏满白粉

虱或尘土时，可涂上一层机油继续使用。

③设置防虫网。在温室、大棚的通风口处，用防虫网罩住，防止外来的白粉虱进入棚室内。

④药剂防治。喷雾法用25扑虱灵、25%灭螨猛乳油1 000倍液，或21%灭杀毙乳油4 000倍液，或2.5%天王星乳油2 000～3 000倍液，或20%灭扫利乳油2 000倍液，或10%吡虫啉可湿性粉剂1 000～1 500倍液，或2.5%功夫乳油2 000～3 000倍液。以上药物应交替使用。烟熏法可在温室内用22%敌敌畏烟雾剂，60米长的温室可用0.3千克，50%敌敌畏乳油0.25千克加适量的干锯末点燃，于傍晚密闭温室大棚进行烟熏，效果比较好。

⑤根用缓释农药施用法。与防治蚜虫相同施用根用缓释农药片剂，定植时使用每株1片，每亩需要施用4千克，防治效果85%。施药后可以防治西瓜整个生长期的虫害，不必再进行打药防虫，降低了人工打药成本。

(3) 美洲斑潜蝇。

美洲斑潜蝇是近年来为害较严重的一种极具危险性的作物害虫，世代短，繁殖能力强，为害严重。美洲斑潜蝇成虫体小，长1.3～2.3毫米，翅展1.3～2.3毫米，雌虫比雄虫稍大。头黄色，复眼酱红色，外顶鬃着生在黑色区域，内顶鬃通常着生在黄色区域。体淡灰黑色，腹面黄色，胸背板亮黑色，后缘小盾片鲜黄色。卵大小为0.2～0.3毫米×0.1～0.15毫米，椭圆形，乳白色，稍透明，产于叶片表皮的下面。幼虫无头蛆形，1龄时较透明，2～3龄为鲜黄色或橙黄色，虫体两侧紧缩，老熟幼虫长3毫米，腹末端有1对圆锥形的后气门，在气门顶端有3个小球状突为后气门孔。幼虫潜叶的虫道在叶片正面，终端明显变宽。

美洲斑潜蝇主要为害叶片，其为害特点是：初孵化幼虫潜食叶片上、下表皮之间的叶肉，而形成隧道（似地图状），隧道端部略膨大，老龄幼虫咬破隧道的上表皮爬出道外化蛹。由于其寄主范围广，极易产生抗药性。因此，在喷药时须做到及时、连续和交替使用农药。

防治方法：

①农业防治。大棚西瓜栽培要培育无虫苗，收获后清洁田园，把被害植株残体和杂草集中深埋、沤肥或烧毁。深翻土壤，使掉在土壤表层的蛹不能羽化，以降低虫口基数或减少越冬虫源数量。发生严重的棚室应提前拉秧或毁种。

②黄板诱杀。保护地内使用黄色黏板或灭蝇纸诱杀成虫。

③设置防虫网。在温室、大棚的通风口处，用防虫网罩住，防止外来的美洲斑潜蝇进入棚室内。

④药剂防治。防治的关键应抓好“早”和“准”字，重点抓好苗期防治。一般可选用45％绿菜宝乳油1 000～1 500倍液，98％巴丹1 200倍加10％氯氰菊酯1 500倍液，25％杀虫双300倍加2.5％功夫2 000倍液，万灵粉1 500倍液加20％速灭杀丁2 000倍液，10％吡虫啉可湿性粉剂1 000倍液，1.8％虫螨克（集奇）3 000～4 000倍液等，喷药时间最好在早晨8～10时喷雾，喷药时应注意雾点要细，力求均匀，并隔5～7天喷施1次，连喷3～4次；当虫口密度较大时，也可用22％敌敌畏烟剂每亩400克熏烟，杀灭成虫。

（4）蓟马。

为害西瓜的蓟马主要是棕榈蓟马，又称瓜蓟马。其为害特点是：成、若虫以锉吸式口器锉吸植株的嫩梢、嫩叶、花和幼果的汁液，被害嫩叶、嫩梢变硬且小，茸毛呈灰褐色或黑褐色，植株生长缓慢，节间缩短，心叶不能展开。幼瓜受害后，茸毛变黑，表皮呈锈褐色，造成畸形，甚至落果，极大影响产量和品质。

防治方法：

①蓝板诱杀。利用蓟马的趋蓝性，在温室内设置蓝板诱杀成虫。

②药剂防治。由于蓟马虫体极小，早期难以发现，加上其繁

殖快，极易成灾。因此，在防治上要注意经常检查，及早发现，及时用药。农药可选用98%巴丹1 200倍液、万灵粉1 500倍液、好年冬300～500倍液、七星宝600倍液、20%康福多4 000倍液、18%杀虫双水剂250～400倍液，每隔4～5天喷1次，连续喷3～4次。以上药剂应交替使用。

(5) 茶黄螨。

茶黄螨为害西瓜可减产10%～30%，由于螨体极小、肉眼难以观察，有时常把茶黄螨的为害误认为生理病害或病毒病害，失去防治契机，造成更大损失。成螨体长0.19～0.21毫米，雌螨略大，体躯阔卵形，淡黄色至橙黄色，半透明，有光泽。身体分节不明显，体背有1条纵向白带。腹部末端平截，足4对，较短，第四对足纤细，其跗节末有端毛和亚瑞平截，雄螨体近似六角形，腹部末端为圆锥形。足较长而粗壮，第三、四对足的基节相连，第四对足胫跗节细长，向内侧弯曲，远端1/3处有1根特别长的鞭状毛，爪退化为纽扣状。

茶黄螨以成、幼螨在寄主幼芽、嫩叶、蕾、花及幼果上刺吸汁液，被害叶片增厚僵直，变小、变窄，叶背呈黄褐色至灰褐色，油渍状，叶缘向下卷曲。幼芽幼蕾枯死、脱落。花蕾不能开花或成畸形花。幼茎变褐、丛生幼蕾枯死、脱落。花蕾不能开花或成畸形花。幼茎变褐、丛生或秃尖。果实表皮变褐色、粗糙、无光泽，肉质变硬。植株矮缩、节间缩短，造成落花、落果、裂果。

防治方法：

①农业防治。消灭越冬虫源，搞好冬季苗房和生产温室害螨防治工作，铲除棚室周围杂草，收获后及时清除枯枝落叶，集中烧毁或深埋。

②药剂防治。西瓜定植缓和苗后要经常检查虫情，做到早发现早防治。喷药的重点是植株上部嫩叶背面、嫩茎、花器和幼果。可选用20%三氯杀螨醇乳油、20%哒嗪硫磷乳油、35%杀

螨特乳油、40%水胺硫磷乳油各1 000倍液，隔10～15天喷1次；或用78%克螨特乳油2 000倍液，隔20～25天喷1次。如果茶黄螨发生比较严重，可选用20%双甲脒乳油1 000～2 000倍液，气温低时可用700倍液，或5%尼索朗乳油2 000倍液，或15%扫螨净乳油2 000倍液，或20%阿波罗悬浮剂2 000倍液，或50%溴螨酯乳油1 000倍液，或1.6%齐墩螨素（爱福丁、农螨克）乳油2 000倍液，这些药剂对螨的发育阶段均有效，因此效果显著且残效期均在1个月以上。

(6) 红蜘蛛。

红蜘蛛又称火龙、红叶螨等。成、若螨在西瓜叶背吸食汁液，并结成丝网，造成叶片发黄、枯焦、脱落，植株早衰，缩短结果期，降低产量和影响品质。通常在加温温室、大棚5～6月或6～9月时，发生为害重。管理粗放，植株长势衰弱则加重为害。

防治方法：

①农业防治。加强田间管理，清除棚室四周杂草和棚内枯枝落叶，消灭越冬虫源。合理灌溉和施肥，促进植株健壮，可提高抗螨害能力。叶片愈老受害越重，应及时去除老叶。

②药剂防治。加强虫情调查，当点片产生发病规律时即进行挑治，有螨株率在5%以上时，应立即进行普遍除治。药剂种类1.8%齐螨素（阿维菌素）4 000倍液，或15%扫螨净乳油2 000倍液，或20%阿波罗悬浮剂2 000倍液，或50%溴螨酯乳油1 000倍液，或1.6%齐墩螨素（爱福丁、农螨克）乳油2 000倍液，还可用2.5%联苯菊酯（天王星）乳油2 000～3 000倍液，或21%灭钉毙（增效氰马乳油）2 000～4 000倍液，或5%卡死克乳油2 000倍液。

(7) 地下害虫。

嫁接后的西瓜一般在定植后苗期很容易受到地下害虫的为害，咬断幼苗根颈，致使全株死亡，造成缺苗断垄。主要为害的种类有蝼蛄、蛴螬和地老虎等。

防治方法：

①不施用未经充分腐熟的农家肥，以减少将幼虫和卵带入田间。

②发生严重的地块，要深翻土地，人工捕杀，这样可以消灭部分幼虫，压低虫口数量。

③拌毒土。可用80%敌百虫可湿性粉剂100～150克，对水15～20千克制成毒土，施入定植穴内或撒入田间后深翻入土中。

④药液灌根。选用50%辛硫磷乳油1 000倍液，或80%敌百虫可湿性粉剂800倍液，或25%增效喹硫磷乳油1 000倍液，或10%吡虫磷可湿性粉剂1 000倍液，或30%敌百虫500倍液灌根，每株灌150～250克。

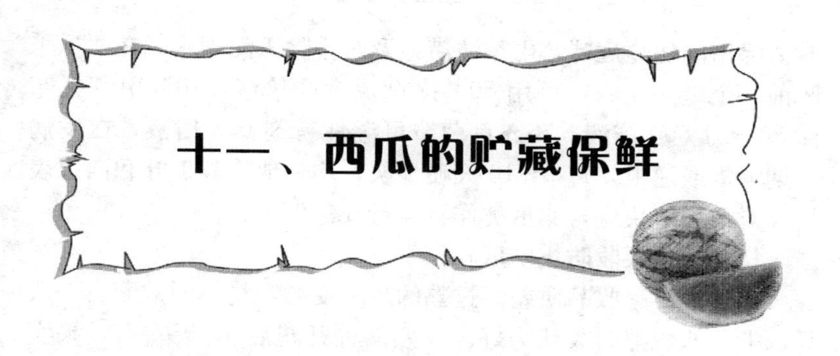

十一、西瓜的贮藏保鲜

西瓜原产在非洲撒哈拉沙漠的热带干旱地区。它是一种大众化的水果，含有大量水分、糖、纤维素、维生素、果胶及钙、磷、铁等矿物元素，对人体有止渴、解暑、利尿、消烦等多种作用，常吃西瓜有益健康。但是西瓜性喜炎热，极不耐寒，瓜体大，皮厚，却不耐贮藏。西瓜对低温敏感，在9.5℃以下贮藏，就有冷害症状；而在高温下贮藏，则糖分含量降低。因此，了解和掌握西瓜保鲜技术对瓜农的经济效益有着举足轻重的作用。

1. 西瓜贮藏保鲜处理前有哪些注意事项?

（1）选择耐贮品种。

不同品种的西瓜耐贮性差别很大，主要是与品种的抗病力、对冷害的敏感性和本身营养物质含量有关。据实验，中育10号、丰收2号、新澄、蜜橙、浙蜜等品种较易贮藏，而早花、石红1号、苏蜜、中育1号、琼露等品种耐贮性较差。新红宝对冷害敏感，影响贮藏效果。冷害的症状表现为瓜表面有凹陷斑，初期约2毫米的小圆坑，以后逐渐扩展成不规则状，底部较平，边缘明显，移至20℃以上的温度下，凹陷部密生杂菌，严重时产生异味。

（2）加强田间管理。

西瓜贮藏期间的主要病害如炭疽病、疫病、褐色腐败病等，在田间即染上病菌。因此，应加强病害防治，减少田间染病，随时清除田间病蔓病叶，雨季防涝，及时排除田间积水。在西瓜采收前一个星期左右，可用50%多菌灵800倍液，70%甲基托布津800～1 000倍液，75%百菌清可湿性粉剂600倍液，在发病初期喷雾或灌根，每7～10天喷1次，均匀地喷雾瓜叶和西瓜表皮。对重病地块应与非瓜类作物实行3年以上轮作。

（3）提前采收防止伤瓜。

西瓜过早采收品质差。过熟的瓜易变娄，均不耐贮藏。一般瓜以七、八成熟时收获为好。晚熟品种开花后40天左右，果实附近几节卷须枯萎，果柄茸毛脱落，果皮光滑发亮，用手指弹瓜发出浊音，瓜已十分成熟，宜于即食。选择晴天清晨采收，不要在烈日当头时采摘。每个西瓜留10～15厘米长的枝蔓，枝蔓末端用草木灰或熟石灰粉糊住断截面，以消灭病菌，防止感染。采摘时小心轻放，不但要防外伤，更重要的是防内伤。在采摘和运输过程中，防颠簸、振动和挤压，以防引起内伤而产生腐烂。

（4）避免机械损伤。

西瓜在采收、装卸和运输过程中强烈振动、挤压等易造成损伤，入贮后极易腐败。果皮上的机械伤为病菌的侵入提供了通道。因此。贮藏用的西瓜既要避免表皮损伤，也要防止挤、压、摔和强烈振动，最好是在产地就地贮藏，避免过多搬动和长途运输。

（5）贮藏前防腐。

采摘回来后，待露水干后将西瓜用克霉灵、RQA等药剂熏蒸，能防止贮藏期发生病害。方法是将克霉灵药液按每千克含0.1～0.2毫升的用量吸附在棉球或吸水纸上，分散放置于瓜的四周，再用塑料薄膜密闭熏蒸24小时，或药剂消毒。放入15%的食盐水中浸泡3分钟捞起，稍晾干后用0.5%～1.0%的山梨酸钾涂擦西瓜表面，密封装入聚乙烯塑料袋中。

（6）贮藏温度。

西瓜贮藏的适宜温度应根据栽培地区和贮期长短选择。在不产生异味的前提下，贮藏温度愈低肉质风味愈好，但低温易出现冷害，影响瓜的外观，降低商品价值。在低温下贮藏时间愈长，也愈易出现冷害。温度：短期贮藏的适宜温度为7～10℃，长期贮藏的适宜温度为12～14℃。温度低于7℃时，易出现冷害。冷害的症状为：果实表面出现不规则的小而浅的凹陷；冷害严重时果肉颜色浅，纤维增多，风味变劣。因此，贮期短时可采用较低的贮藏温度，以更好地保持品质，贮期在20天以内时则应保持在冷害阈值以上。

2. 具体贮藏与保鲜方法有哪几种？

（1）沙藏法保鲜。

选择通风透光的房屋，打扫干净，用细河沙垫底70厘米，抢晴天的傍晚或阴天采收七成熟的西瓜，要求瓜形正、无损伤、无病虫害，每个西瓜留3个蔓节，在蔓节两端离节33厘米处切断，切口立即沾上干草木灰，以防细菌侵入。每个蔓节留1片绿叶，西瓜排放于沙床上，再加盖细河沙，盖过西瓜5厘米厚，3片瓜叶露于沙外。应注意以下几个问题：

①搬运西瓜时轻拿、轻装、轻放，防止损伤西瓜皮。

②沙床只贮藏一层西瓜，防止压伤。

③每10天用磷酸二氢钾50克对水50千克进行叶面追肥，保持叶片青绿。

④表面的沙子干燥现白时适当喷水，以提高湿度。

⑤当天做沙床，当天采收、运输、贮藏。

（2）臭氧保鲜法。

选择瓜秧健壮、瓜形端正、无病斑、六七成熟的西瓜，剪掉瓜蔓，戴瓜套捧拿，避免振动或磕碰，运到贮窖内。窖内先进行消毒，西瓜分级存放，用柔软的草垫垫起，不要直接接触地面或塑料薄膜，上面覆盖松柔的草袋，防止灰尘及水珠落到瓜上。贮藏期间保持在4℃较好，高于5℃呼吸加强，低于3℃就会受冻。

随着昼夜气温的变化及时增减保暖层，湿度保持在85%以上。适量放氧，定期翻运。施放臭氧，可以起到封闭和杀菌作用。150千克西瓜一昼夜需要20克臭氧，每隔12小时施放1次，每次15分钟，施放10克。隔5天戴干净手套轻轻将瓜翻动一次，发现病瓜及时挑出。贮藏西瓜的窖内不能同时存放其他水果或蔬菜。

(3) 空房贮藏。

选择阴凉通风的空闲房屋，用40%的福尔马林150～200倍稀释液进行消毒。同时，入贮西瓜的果柄、果皮也要进行涂抹，然后喷洒1次6%的硫酸铜溶液，避免细菌等病害沿维管束向果实内部侵染，地面先铺上一层消过毒的芦苇，然后按西瓜的长势单层摆放，房间门窗白天关上、夜晚打开，保持室温15～16℃、空气相对湿度80%左右，地面干燥时可适当喷水。用此法能贮存1个月，其色泽和品质与刚收获的西瓜相似。

(4) 地窖贮藏。

选择地势高燥、土层结构较坚实的地方，挖一个上口小、下口大、形似葫芦的地窖，深约3米，底部整平，垫上1厘米厚的细沙，用200倍的氧化乐果和150～200倍的福尔马林溶液进行消毒，密闭2天，经通风后即可将西瓜入窖。然后趁凉将瓜入贮。沿窖四周按西瓜生长的原来姿态分层摆放、中间留出空间以便检查和装卸。窖口留1米见方并略高出地面，用支架撑起遮阴物遮阴、防雨。窖温保持在15℃左右，二氧化碳浓度在2%～4%。用此法贮存，保鲜可达3个月。地窖要留有“窖眼”和天窗，保贮期注意通风散热，地窖温度控制在5～15℃，空气相对湿度保持在60%～80%为宜。窖内可利用夜间气温低时进行通风降温。每隔10天检查一次，将不宜继续贮藏的西瓜挑除。

(5) 硅橡胶薄膜集装袋贮藏。

它是由0.15～0.18毫米厚的聚乙烯塑料薄膜做成的封闭袋，上有一定面积的硅橡胶气体交换窗，对二氧化碳、氧气等有较高的选择通透能力，使集装袋内保持一定的氧气和二氧化碳浓度，并起到自动调节的作用。对不同品种和熟性的西瓜，只要调节硅窗，即可达到安全贮藏的目的。用这种方法保存西瓜，既简化管理又可提高贮藏效果，而且成本低。

（6）盐水保鲜。

选取成熟的中等大的西瓜，放入15％的盐水中浸泡10小时左右，然后捞起晾干，再密封在聚乙烯口袋里，藏入地窖，也可在窖里设置木板做成集装箱，将西瓜放入箱内。采用这种方法贮藏保鲜西瓜，经一年取出时西瓜表皮仍然鲜嫩如初，香甜可口，味道不变。此法还可用于葡萄、黄瓜、苹果等的保鲜贮藏。

3. 西瓜保鲜应注意哪些事项？

西瓜在不产生异味的前提下，贮藏温度愈低，肉质风味愈好，但容易出现冷害，影响外观，降低商品价值。在低温下贮藏时间愈长，愈容易出现冷害。冷害严重时，果肉颜色变浅，纤维增多，风味变劣。冷害症状常常在出库升温后变得更加明显。西瓜出现冷害的阈值（界限）温度，上海地区为10℃，北京地区为12.5℃，黑龙江地区为11℃。在此温度下贮藏，不产生冷害。因此，贮藏期短时，可用较低温度贮藏，在贮藏期达20天以上时，贮藏温度应在阈值以上，以避免冷害发生，或者采用贮前高温（26℃，4天）预贮，也可避免冷害。在贮期1个月左右时，14～16℃是安全温度，但须采取防腐措施。

方法如下：①贮放西瓜的架层应离开冷库墙壁，以防低温冻伤西瓜。②在检查中如若发现腐烂变质的西瓜，应及时拣出弃之，以防侵染其他西瓜。③如若出现潮湿现象，应翻动西瓜，并排潮除湿。④严防鼠害。

陈春季，等.2001.京欣1号系列西瓜新品种栽培技术［M］.北京：台海出版社.

仇恒通.1986.杂交西瓜栽培技术［M］.合肥：安徽科学技术出版社.

蒋有条，王坚，吴明珠，等.2000.大棚温室西瓜甜瓜栽培技术［M］.北京：金盾出版社.

蒋有条.1985.西瓜嫁接栽培及其砧木选择［J］.瓜类科技通讯（2）：2-3.

蒋有条，等.1993.西瓜高新栽培技术［M］.北京：中国农业出版社.

蒋有条.2000.瓜类嫁接栽培［M］.北京：金盾出版社.

刘秀芳.1990.西瓜蔬菜等病害图解［M］.合肥：安徽科学技术出版社.

牟哲生，等.1987.西瓜［M］.沈阳：辽宁科学技术出版社.

王坚，等.1992.西瓜优质丰产栽培［M］.北京：农业出版社.

徐润芳，等.1986.西瓜的品种与栽培［M］.南京：江苏科学技术出版社.

章瑞华.1985.西瓜栽培新技术［M］.成都：四川科学技术出版社.

郑世杰.1988.西瓜早熟栽培［M］.北京：农业出版社.